図形と方程式

2 次曲線

11 円 $(x-a)^2+(y-b)^2=r^2$ は中心 $(a,\ b)$，半径 r

12 放物線 $y^2=4px$ は焦点が $(p,\ 0)$，準線が $x=-p$

13 楕円 $\dfrac{x^2}{a^2}+\dfrac{y^2}{b^2}=1$ は焦点が $(\pm\sqrt{a^2-b^2},\ 0)$ で 2 焦点からの距離の和が $2a$

14 双曲線 $\dfrac{x^2}{a^2}-\dfrac{y^2}{b^2}=1$ は焦点が $(\pm\sqrt{a^2+b^2},\ 0)$ で 2 焦点からの距離の差が $2a$

12

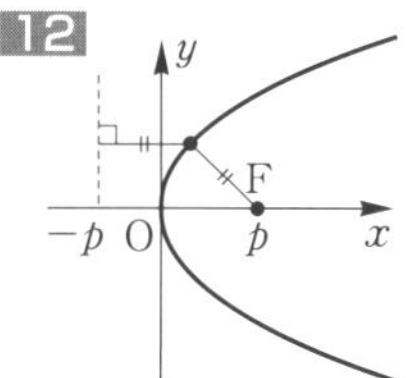

13

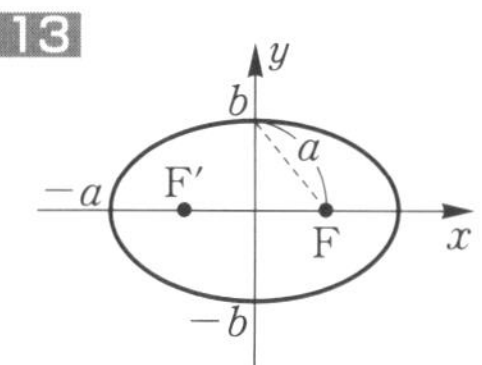

14

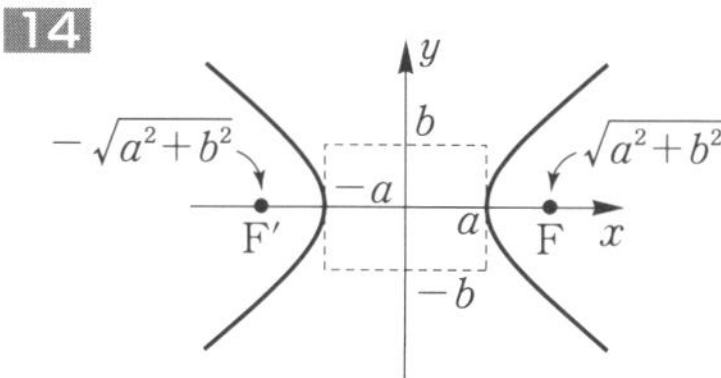

場合の数・順列・組合せ

15 n 個から r 個とる順列の総数は ${}_n\mathrm{P}_r=\dfrac{n!}{(n-r)!}=n(n-1)(n-2)\cdots\{n-(r-1)\}$

16 n 個から r 個とる組合せの総数は ${}_n\mathrm{C}_r=\dfrac{n!}{r!(n-r)!}=\dfrac{n(n-1)(n-2)\cdots\{n-(r-1)\}}{r(r-1)(r-2)\cdots3\cdot2\cdot1}$

17 二項定理 $(a+b)^n={}_n\mathrm{C}_0a^nb^0+{}_n\mathrm{C}_1a^{n-1}b^1+{}_n\mathrm{C}_2a^{n-2}b^2+\cdots+{}_n\mathrm{C}_{n-1}a^1b^{n-1}+{}_n\mathrm{C}_na^0b^n$

新版数学シリーズ

新版微分積分 I

■

改訂版

■

岡本和夫［監修］

実教出版

新版微分積分Ｉを学ぶみなさんへ

この教科書では，微分積分学を学びます。微分積分学は数学の中心を貫く道です。みなさんはこれまで学んで来た数学が，結局はこの道に通じていることを知ることになるでしょう。また，この道からは，よく知っているはずのことがらが，これまでとは違った形に見える，そんな発見を繰り返し経験するはずです。この教科書で述べられていることがらはお互いに深くつながっていて，全体が微分積分学の大きな道を示しています。

この道は数学だけの道ではありません。微分法成立の背景に天体の運動の観測があり，積分法には面積を測るという必要性がありました。微分積分学は自然科学全体の道でもあります。自然現象や社会の仕組みを解明するときにはこの道を必ず通り，そして最先端の技術にもつながっています。

この教科書は，とくに工学系のいろいろな分野で数学に接し，実際の場面で数学を積極的に使うことになる人たちを想定して編修しました。また，みなさんが必要に応じて自学自習もできるように丁寧な記述を心がけて書かれています。

これから微分積分学を学ぶみなさんには，単に知識を増やすこと，計算技術を身に付けることだけではなく，全体の流れをつかむことができたか，数学の面白さが身に付いたかを目標にしてほしい，と願っています。この教科書を道標として微分積分学を使いこなせるように，学習を進めてください。

本書の使い方

例 1　本文の理解を助けるための具体例，および代表的な基本問題。

例題 2　学習した内容をより深く理解するための代表的な問題。解・証明にはその問題の模範的な解答を示した。なお，解答の最終結果は太字で示した。

練習 3　学習した内容を確実に身につけるための問題。例・例題とほぼ同じ程度の問題を選んだ。

節末問題　その節で学んだ内容をひととおり復習するための問題，およびやや程度の高い問題。

研究　本文の内容に関連して，興味・関心を深めるための補助教材。余力のある場合に，学習を深めるための教材。

もくじ

ギリシア文字

Α	α	アルファ
Β	β	ベータ
Γ	γ	ガンマ
Δ	δ	デルタ
Ε	ε	イプシロン
Ζ	ζ	ツェータ
Η	η	イータ
Θ	θ	シータ
Ι	ι	イオタ
Κ	κ	カッパ
Λ	λ	ラムダ
Μ	μ	ミュー
Ν	ν	ニュー
Ξ	ξ	クシイ
Ο	o	オミクロン
Π	π	パイ
Ρ	ρ	ロー
Σ	σ	シグマ
Τ	τ	タウ
Υ	υ	ウプシロン
Φ	φ	ファイ
Χ	χ	カイ
Ψ	ψ	プサイ
Ω	ω	オメガ

第1章

数列

数列は自然科学や社会科学の分野でもしばしば取り上げられ，重要な役割を担っている。

ここでは，有限数列の面白さだけでなく，無限数列のもつ不思議な側面も味わってもらいたい。

◆1◆ 数列とその和

1 数列

偶数を，2からはじめて小さい方から順に並べると

2，4，6，8，10，…… ……①

という数の列になる。このように数を1列に並べたものを **数列** といい，数列の個々の数を **項** という。

数列の各項は並べられた順に，はじめから

第1項，第2項，第3項，……

といい，n 番目の項を **第 n 項** という。とくに，第1項を **初項** という。

ここでは，ある規則にしたがって並べられた実数の数列について考えてみよう。

たとえば，①の数列は初項が2で，次々に2を加えて得られる数列である。したがって，この数列の第6項は12であることがわかる。

練習1 次の数列の初項をいえ。また，第5項を求めよ。

(1) 1，3，5，7，…… (2) 1，4，9，16，……

練習2 次の数列の □ にあてはまる数を求めよ。

(1) 9，3，□，$\frac{1}{3}$，$\frac{1}{9}$，…… (2) $\frac{1}{2}$，$\frac{4}{4}$，$\frac{7}{8}$，$\frac{□}{□}$，$\frac{13}{32}$，……

数列を一般的に表すには，1つの文字に項の番号を表す添え字をつけて

$\boldsymbol{a_1}$，$\boldsymbol{a_2}$，$\boldsymbol{a_3}$，……，$\boldsymbol{a_n}$，……

と表す。また，この数列を $\{\boldsymbol{a_n}\}$ と表すことがある。

初項	第2項	…	第 n 項
↓	↓		↓
a_1	a_2	…	a_n

数列①の第 n 項 a_n を n の式で表してみよう。

$$a_1 = 2 = 2\cdot\mathbf{1},\quad a_2 = 4 = 2\cdot\mathbf{2},\quad a_3 = 6 = 2\cdot\mathbf{3},\ \cdots\cdots$$

であるから，第 n 項は $a_n = 2\cdot n = 2n$ と表すことができる。

逆に，数列 $\{a_n\}$ が $a_n = 2n$ で与えられるとき，n に1，2，3，…… を順に代入すると，数列①の各項が得られる。

一般に，数列 $\{a_n\}$ の第 n 項 a_n が n の式で表されているとき，その式の n に 1，2，3，…… を順に代入すると

初項 a_1，第 2 項 a_2，第 3 項 a_3，……

が得られる。そこで，第 n 項 a_n を n の式で表したものを **一般項** という。

数列①は，一般項を用いて $\{2n\}$ と表すことがある。

例 1 数列 $\{a_n\}$ の一般項が $a_n=3n+1$ で与えられるとき，初項から第 3 項までは，n に 1，2，3 を順に代入して求められる。

$$a_1=3\cdot1+1=4,\quad a_2=3\cdot2+1=7,\quad a_3=3\cdot3+1=10$$

練習 3 数列 $\{a_n\}$ の一般項 a_n が次の式で与えられるとき，それぞれの数列の初項から第 5 項までをかけ。

(1) $a_n=4n+1$　　(2) $a_n=n^3$　　(3) $a_n=(-1)^n$

例 2 数列 3，9，27，81，243，…… を数列 $\{a_n\}$ とすると，この数列は初項 3 に，次々に 3 を掛けて得られるから

$$a_1=3,\quad a_2=3^2,\quad a_3=3^3,\quad a_4=3^4,\quad \cdots\cdots$$

である。したがって，一般項は $a_n=3^n$ と表すことができる。

練習 4 次の数列の一般項を求めよ。

(1) 2，4，8，16，32，64，……　　(2) 1，$\frac{1}{3}$，$\frac{1}{9}$，$\frac{1}{27}$，$\frac{1}{81}$，……

数列のうち，項の個数が有限である数列を **有限数列** といい，その項の個数を **項数**，最後の項を **末項** という。

たとえば，1 桁の奇数からなる数列

1，3，5，7，9

は有限数列であり，その項数は 5，末項は 9 である。

なお，項が限りなく続く数列を **無限数列** という。

2 等差数列

1 等差数列

初項1に，次々に3を加えて得られる数列

1，4，7，10，13，16，…… ……①

を $\{a_n\}$ とすると，隣り合う2項 a_n と a_{n+1} の間には次の等式が成り立つ。

$$a_{n+1} = a_n + 3 \quad (n = 1,\ 2,\ 3,\ \cdots\cdots)$$

一般に，数列 $\{a_n\}$ において，d を定数として，つねに

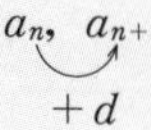

$$\boldsymbol{a_{n+1} = a_n + d} \qquad \text{すなわち} \qquad \boldsymbol{a_{n+1} - a_n = d}$$

が成り立つとき，この数列を **等差数列** といい，d をこの数列の **公差** という。

①の数列 $\{a_n\}$ は，初項1，公差3の等差数列である。

練習5 次の等差数列の公差を求めよ。また，□にあてはまる数を求めよ。

(1) 1，5，9，□，□，…… (2) 13，□，9，□，□，3，……

2 等差数列の一般項

初項 a，公差 d の等差数列 $\{a_n\}$ について

$$a_1 = a$$

$$a_2 = a_1 + d = a + d$$

$$a_3 = a_2 + d = a + 2d$$

$$a_4 = a_3 + d = a + 3d$$

…………

$$a_n = a_{n-1} + d = a + (n-1)d$$

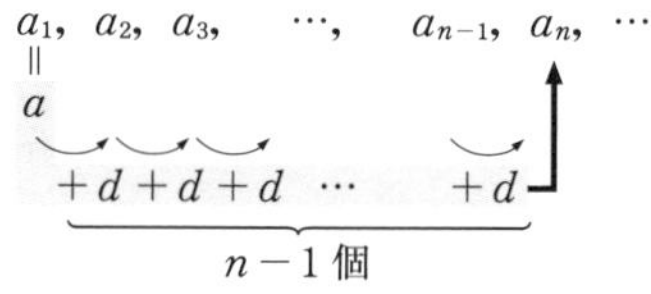

一般に，次のことが成り立つ。

等差数列の一般項

初項 a，公差 d の等差数列の一般項 a_n は

$$\boldsymbol{a_n = a + (n-1)d}$$

例3 初項 4，公差 3 の等差数列 $\{a_n\}$ の一般項は

$$a_n = 4 + (n-1)\cdot 3 \quad \text{すなわち} \quad a_n = 3n + 1$$

また，この数列の第 10 項は

$$a_{10} = 3\cdot 10 + 1 = 31$$

練習6 次の等差数列の一般項を求めよ。また，第 10 項を求めよ。

(1) 初項 5，公差 2　　(2) 初項 30，公差 -6

(3) -1, 2, 5, 8, ……　　(4) 20, 13, 6, -1, ……

練習7 初項 29，公差 -3 の等差数列について，次の問いに答えよ。

(1) -13 は第何項か。　　(2) 第何項から負になるか。

(3) 4 はこの数列の項になっているか。

例題 1 第 3 項が 2，第 6 項が 23 である等差数列 $\{a_n\}$ について，初項と公差および，一般項を求めよ。

解 この数列の初項を a，公差を d とすると

$a_3 = 2$ であるから　$a + 2d = 2$　……①

$a_6 = 23$ であるから　$a + 5d = 23$　……②

①，②を解いて　$a = -12$, $d = 7$

すなわち，初項 **-12**，公差 **7** である。

また，一般項は

$$a_n = -12 + (n-1)\cdot 7 = \boldsymbol{7n - 19}$$

練習8 次の等差数列の一般項を求めよ。

(1) 第 3 項が -1，第 6 項が 5

(2) 第 2 項が 5，第 7 項が -10

練習9 3 つの数 a, b, c について，次のことを示せ。

$$a,\ b,\ c \text{ がこの順で等差数列} \iff 2b = a + c$$

練習10 4, $a+6$, a^2 がこの順で等差数列であるとき，a の値を求めよ。

3 等差数列の和

初項1，公差3の等差数列 $\{a_n\}$ の一般項 a_n は

$$a_n = 1 + (n-1)\cdot 3 = 3n-2$$

であるから，初項から第10項までの和 S_{10} は

$$S_{10} = 1 + 4 + 7 + \cdots\cdots + 22 + 25 + 28$$

である。この等式において，右辺の項の順序を逆にして，次のように計算すると

$$\begin{array}{rrl} & S_{10} = & 1 + 4 + 7 + \cdots\cdots + 22 + 25 + 28 \\ +) & S_{10} = & 28 + 25 + 22 + \cdots\cdots + 7 + 4 + 1 \\ \hline & 2S_{10} = & \underbrace{29 + 29 + 29 + \cdots\cdots + 29 + 29 + 29}_{10\text{個}} = 29 \times 10 = 290 \end{array}$$

となる。よって

$$S_{10} = \frac{290}{2} = 145$$

一般に，初項 a，公差 d の等差数列 $\{a_n\}$ の第 n 項を l とし，初項から第 n 項までの和を S_n とすると

$$S_n = a + (a+d) + (a+2d) + \cdots\cdots + (l-d) + l \quad \cdots\cdots①$$

この等式の右辺の項の順序を逆にすると

$$S_n = l + (l-d) + (l-2d) + \cdots\cdots + (a+d) + a \quad \cdots\cdots②$$

この①と②の辺々を加えると

$$2S_n = \underbrace{(a+l) + (a+l) + \cdots\cdots + (a+l) + (a+l)}_{n\text{個}} = n(a+l)$$

ゆえに

$$S_n = \frac{1}{2}n(a+l)$$

$l = a_n = a + (n-1)d$ であるから

$$S_n = \frac{1}{2}n\{2a + (n-1)d\}$$

となる。

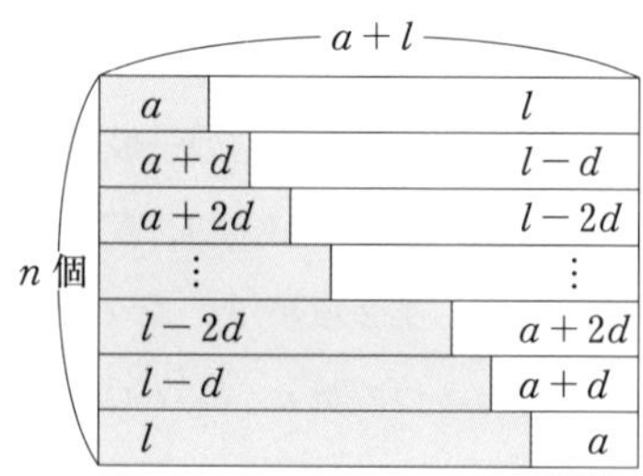

よって，次のことが成り立つ。

等差数列の和

初項 a，公差 d，末項 l，項数 n の等差数列の和 S_n は

$$S_n=\frac{1}{2}n(a+l)=\frac{1}{2}n\{2a+(n-1)d\}$$

例4 (1) 初項3，末項42，項数14の等差数列の和は

$$S_{14}=\frac{1}{2}\cdot 14\cdot(3+42)=315$$

(2) 初項5，公差3，項数10の等差数列の和は

$$S_{10}=\frac{1}{2}\cdot 10\cdot\{2\cdot 5+(10-1)\cdot 3\}=185$$

練習11 次の等差数列の和を求めよ。

(1) 初項1，末項29，項数10　　(2) 初項3，公差4，項数15

例5 初項5，公差2の等差数列の初項から第 n 項までの和が77となるとき，n の値を求めてみよう。

$$\frac{1}{2}n\{2\cdot 5+(n-1)\cdot 2\}=77$$

ゆえに　$n^2+4n-77=0$

これを解いて　$n=7,\ -11$

n は自然数であるから　$n=7$

練習12 初項16，公差 -4 の等差数列の初項から第何項までの和が -20 となるか。

1から n までの n 個の自然数の和や，1から $2n-1$ までの n 個の奇数の和は，等差数列の和を利用して，次のようになる。

自然数の和　$1+2+3+\cdots\cdots+n=\frac{1}{2}n(n+1)$

奇数の和　$1+3+5+\cdots\cdots+(2n-1)=n^2$

練習13 偶数の数列2，4，6，……，$2n$ の和を求めよ。

3 等比数列

1 等比数列

初項2に，次々に3を掛けて得られる数列

$$2,\ 6,\ 18,\ 54,\ 162,\ \cdots\cdots \qquad \cdots\cdots①$$

を $\{a_n\}$ とすると，隣り合う2項 a_n と a_{n+1} の間には次の等式が成り立つ。

$$a_{n+1}=3a_n \quad (n=1,\ 2,\ 3,\ \cdots\cdots)$$

一般に，数列 $\{a_n\}$ において，r を定数として，つねに

$$\boldsymbol{a_{n+1}=ra_n}$$

が成り立つとき，この数列を **等比数列** といい，r をこの数列の **公比** という。

$a_1 \fallingdotseq 0$，$r \fallingdotseq 0$ のとき
$$\frac{a_{n+1}}{a_n}=r$$

①の数列 $\{a_n\}$ は，初項2，公比3の等比数列である。

練習14 次の等比数列の初項と公比を求めよ。

(1) $1,\ -5,\ 25,\ -125,\ \cdots\cdots$　　(2) $96,\ 48,\ 24,\ 12,\ \cdots\cdots$

2 等比数列の一般項

初項 a，公比 r の等比数列 $\{a_n\}$ について

$$a_1=a$$
$$a_2=a_1\times r=ar$$
$$a_3=a_2\times r=ar^2$$
$$a_4=a_3\times r=ar^3$$
$$\cdots\cdots$$
$$a_n=a_{n-1}\times r=ar^{n-1}$$

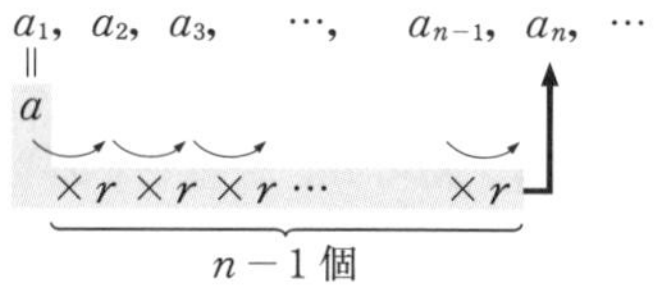

一般に，次のことが成り立つ。

等比数列の一般項

初項 a，公比 r の等比数列の一般項 a_n は

$$\boldsymbol{a_n=ar^{n-1}}$$

例6 初項5，公比2の等比数列$\{a_n\}$の一般項は

$$a_n = 5\cdot 2^{n-1}$$

また，この数列の第6項は　$a_6 = 5\cdot 2^5 = 160$

練習15 次の等比数列の一般項を求めよ。また，第7項を求めよ。

(1) 初項3，公比$\dfrac{1}{2}$　　(2) 1，-3，9，-27，……

(3) 2，-3，$\dfrac{9}{2}$，$-\dfrac{27}{4}$，……　　(4) 0.1，0.01，0.001，0.0001，……

練習16 初項2，公比3の等比数列について，次の問いに答えよ。

(1) 54は第何項か。

(2) はじめて400を越えるのは第何項か。

例題 2 第3項が48，第5項が768である等比数列$\{a_n\}$の初項と公比，および一般項を求めよ。

解 この数列の初項をa，公比をrとすると

$a_3 = ar^2 = 48$　……①

$a_5 = ar^4 = 768$　……②

①，②より　$r^2 = 16$　であるから　$r = \pm 4$

$r = 4$ のとき，①に代入して　$a = 3$

$r = -4$ のとき，①に代入して　$a = 3$

よって，

初項3，公比4，一般項 $a_n = 3\cdot 4^{n-1}$

または，

初項3，公比-4，一般項 $a_n = 3\cdot(-4)^{n-1}$

練習17 第3項が27，第6項が1である等比数列$\{a_n\}$の一般項を求めよ。

練習18 0でない3つの数a，b，cについて，次のことを示せ。

a，b，cがこの順で等比数列 $\Longleftrightarrow$ $b^2 = ac$

練習19 b，$b+2$，9がこの順で等比数列であるとき，bの値を求めよ。

3 等比数列の和

初項 a，公比 r の等比数列 $\{a_n\}$ の初項から第 n 項までの和 S_n を求めてみよう。

$$S_n = a + ar + ar^2 + \cdots\cdots + ar^{n-1} \qquad \cdots\cdots①$$

この等式①の両辺に r を掛けると

$$rS_n = \qquad ar + ar^2 + \cdots\cdots + ar^{n-1} + ar^n \qquad \cdots\cdots②$$

①と②の辺々の差をとると

$$(1-r)S_n = a(1-r^n)$$

$$\begin{array}{rrl} & S_n = & a + ar + ar^2 + \cdots + ar^{n-1} \\ -) & rS_n = & \quad ar + ar^2 + \cdots + ar^{n-1} + ar^n \\ \hline & S_n - rS_n = & a \qquad\qquad\qquad\qquad -ar^n \end{array}$$

$r \neq 1$ のとき

$$S_n = \frac{a(1-r^n)}{1-r}$$

また，$r=1$ のときは①より

$$S_n = \underbrace{a + a + a + \cdots\cdots + a}_{n\text{個}} = na$$

よって，次のことが成り立つ。

等比数列の和

初項 a，公比 r の等比数列の初項から第 n 項までの和 S_n は

$r \neq 1$ のとき　$\boldsymbol{S_n = \dfrac{a(1-r^n)}{1-r} = \dfrac{a(r^n-1)}{r-1}}$

$r = 1$ のとき　$\boldsymbol{S_n = na}$

例7　初項2，公比3の等比数列の初項から第 n 項までの和 S_n は

$$S_n = \frac{2(3^n-1)}{3-1} = 3^n - 1$$

練習20　次の等比数列の初項から第 n 項までの和を求めよ。

(1) 初項1，公比4　　(2) 初項3，公比 -2

(3) 第3項が18，第6項が486　　(4) 数列4，8，16，……

(5) 一般項が $a_n = \dfrac{1}{2^n}$　　(6) 一般項が $a_n = 3\cdot(-2)^{n-1}$

4 いろいろな数列

1 平方の和

1から n までの自然数の平方の和 $S=1^2+2^2+3^2+\cdots\cdots+n^2$ を求めてみよう。

恒等式 $(k+1)^3-k^3=3k^2+3k+1$ において

$k=1$ とすると　$2^3-1^3=3\cdot1^2+3\cdot1+1$

$k=2$ とすると　$3^3-2^3=3\cdot2^2+3\cdot2+1$

$k=3$ とすると　$4^3-3^3=3\cdot3^2+3\cdot3+1$

………　　　　　………

$k=n$ とすると　$(n+1)^3-n^3=3\cdot n^2+3\cdot n+1$

となる。これらの等式の辺々を加えると

$$\begin{aligned}(n+1)^3-1&=3(1^2+2^2+3^2+\cdots\cdots+n^2)\\&\quad+3(1+2+3+\cdots\cdots+n)\\&\quad+(\underbrace{1+1+1+\cdots\cdots+1}_{n\text{個}})\\&=3S+3\cdot\frac{1}{2}n(n+1)+n\end{aligned}$$

よって　$3S=(n+1)^3-1-3\cdot\dfrac{1}{2}n(n+1)-n$

$$\begin{aligned}&=(n+1)^3-\frac{3}{2}n(n+1)-(n+1)\\&=\frac{1}{2}(n+1)\{2(n+1)^2-3n-2\}=\frac{1}{2}n(n+1)(2n+1)\end{aligned}$$

したがって，次のことが成り立つ。

自然数の平方の和

$$\boldsymbol{1^2+2^2+3^2+\cdots\cdots+n^2=\frac{1}{6}n(n+1)(2n+1)}$$

例8　$1^2+2^2+3^2+\cdots\cdots+10^2=\dfrac{1}{6}\cdot10\cdot11\cdot21=385$

練習21　次の和を求めよ。

(1)　$1^2+2^2+3^2+\cdots\cdots+50^2$　　(2)　$1^2+2^2+3^2+\cdots\cdots+(n-1)^2$

2 和の記号

数列 $\{a_n\}$ の初項 a_1 から第 n 項 a_n までの和を記号 $\sum$ を用いて

$$\boldsymbol{a_1+a_2+a_3+\cdots\cdots+a_n=\sum_{k=1}^{n}a_k}$$

と表す。すなわち，$\sum_{k=1}^{n}a_k$ は，a_k について，k に 1，2，3，……，n を順に代入したときに得られるすべての項の和を表す。

注意　$\sum$ は sum(和)の頭文字Sに相当するギリシア文字でシグマと読む。

例9　(1)　$\sum_{k=1}^{n}k=1+2+3+\cdots\cdots+n$

(2)　$\sum_{k=1}^{10}(2k-1)=(2\cdot1-1)+(2\cdot2-1)+(2\cdot3-1)+\cdots\cdots+(2\cdot10-1)$

$=1+3+5+\cdots\cdots+19$

(3)　$\sum_{k=1}^{n}3^{k-1}=1+3+9+\cdots\cdots+3^{n-1}$

練習22　次の式を記号 $\sum$ を用いないで，例9のように数列の項の和の形で表せ。

(1)　$\sum_{k=1}^{n}3k$　　(2)　$\sum_{k=1}^{5}(7-2k)$　　(3)　$\sum_{k=1}^{10}2^k$

(4)　$\sum_{k=1}^{n}2\cdot5^{k-1}$　　(5)　$\sum_{k=1}^{n+1}(k-1)^2$　　(6)　$\sum_{k=1}^{n-1}3\cdot2^{k-1}$

$\sum_{k=1}^{n}a_k$ は k 以外の文字を用いて，$\sum_{i=1}^{n}a_i$，$\sum_{j=1}^{n}a_j$ などと表すこともできる。

例10　次の式はいずれも $3^2+4^2+5^2+6^2$ を表している。

$$\sum_{k=3}^{6}k^2,\quad \sum_{i=3}^{6}i^2,\quad \sum_{j=1}^{4}(j+2)^2$$

練習23　次の等式が成り立つことを示せ。

(1)　$\sum_{k=1}^{5}(3k+1)=\sum_{i=2}^{6}(3i-2)$

(2)　$\sum_{k=5}^{10}k^2=\sum_{k=1}^{10}k^2-\sum_{k=1}^{4}k^2$

例11 数列 $1^2,\ 2^2,\ 3^2,\ \cdots\cdots,\ n^2$ の第 k 項は $a_k=k^2$ であるから，この数列の初項から第 n 項までの和は，次のように表すことができる。

$$1^2+2^2+3^2+\cdots\cdots+n^2=\sum_{k=1}^{n}k^2$$

例12 $3+8+13+18+23+28$ を記号 Σ を用いて表してみよう。

この各項からなる数列を $\{a_n\}$ とすると，$\{a_n\}$ は初項 3，公差 5 の等差数列であるから，第 k 項は

$$a_k=3+(k-1)\cdot5=5k-2$$

初項から第 6 項までの和であるから

$$3+8+13+18+23+28=\sum_{k=1}^{6}(5k-2)$$

練習24 次の和を記号 Σ を用いて表せ。

(1) $2+7+12+\cdots\cdots+(5n-3)$　　(2) $1+3+3^2+\cdots\cdots+3^{n-1}$

(3) $1+10+10^2+\cdots\cdots+10^{99}$　　(4) $1\cdot3+2\cdot4+3\cdot5+\cdots\cdots+10\cdot12$

数列 $\{a_n\}$ において，すべての項が定数 c であるときは，

$a_1=a_2=a_3=\cdots\cdots=a_n=c$ であるから

$$\sum_{k=1}^{n}a_k=\sum_{k=1}^{n}c=\underbrace{c+c+c+\cdots\cdots+c}_{n\text{個}}=nc$$

である。とくに，$c=1$ とすると $\displaystyle\sum_{k=1}^{n}1=n$ である。

これまでに学んだ数列の和を記号 Σ を用いて表すと次のようになる。

数列の和の公式

$$\sum_{k=1}^{n}c=nc \qquad \sum_{k=1}^{n}k=\frac{1}{2}n(n+1)$$

$$\sum_{k=1}^{n}k^2=\frac{1}{6}n(n+1)(2n+1) \qquad \sum_{k=1}^{n}ar^{k-1}=\frac{a(1-r^n)}{1-r}\quad (r\neq1)$$

また，1 から n までの自然数の 3 乗の和は，次の式で表される。

$$1^3+2^3+3^3+\cdots\cdots+n^3=\sum_{k=1}^{n}k^3=\left\{\frac{n(n+1)}{2}\right\}^2$$

(27 ページの問 10 の(1))

3 Σの性質

$\sum_{k=1}^{n}(a_k+b_k)$，$\sum_{k=1}^{n}ca_k$（cは定数）について考えてみよう。

$$\begin{aligned}\sum_{k=1}^{n}(a_k+b_k)&=(a_1+b_1)+(a_2+b_2)+(a_3+b_3)+\cdots\cdots+(a_n+b_n)\\&=(a_1+a_2+\cdots\cdots+a_n)+(b_1+b_2+\cdots\cdots+b_n)\\&=\sum_{k=1}^{n}a_k+\sum_{k=1}^{n}b_k\end{aligned}$$

$$\sum_{k=1}^{n}ca_k=ca_1+ca_2+\cdots\cdots+ca_n=c(a_1+a_2+\cdots\cdots+a_n)=c\sum_{k=1}^{n}a_k$$

以上のことから，記号Σについて，次の性質が成り立つ。

記号Σの性質

$$\sum_{k=1}^{n}(a_k+b_k)=\sum_{k=1}^{n}a_k+\sum_{k=1}^{n}b_k$$

$$\sum_{k=1}^{n}ca_k=c\sum_{k=1}^{n}a_k\quad(c\text{ は定数})$$

上の性質から，p，qを定数とするとき，次の等式が成り立つ。

$$\sum_{k=1}^{n}(pa_k+qb_k)=p\sum_{k=1}^{n}a_k+q\sum_{k=1}^{n}b_k$$

例13 (1) $\sum_{k=1}^{n}(4k+5)=\sum_{k=1}^{n}4k+\sum_{k=1}^{n}5=4\sum_{k=1}^{n}k+\sum_{k=1}^{n}5$

$$=4\cdot\frac{1}{2}n(n+1)+5n=n(2n+7)$$

(2) $\sum_{k=1}^{n}k(k+2)=\sum_{k=1}^{n}(k^2+2k)=\sum_{k=1}^{n}k^2+2\sum_{k=1}^{n}k$

$$=\frac{1}{6}n(n+1)(2n+1)+2\cdot\frac{1}{2}n(n+1)$$

$$=\frac{1}{6}n(n+1)(2n+7)$$

練習25 次の和を求めよ。

(1) $\sum_{k=1}^{n}(2k+1)$　(2) $\sum_{k=1}^{n}(3k^2-2k)$　(3) $\sum_{k=1}^{n}k(k^2-6)$

(4) $\sum_{k=1}^{n}(3^k-2^k)$　(5) $\sum_{k=1}^{n-1}(4k+1)$ $(n\geqq 2)$　(6) $\sum_{k=1}^{2n}k^2$

例題 3 次の数列の初項から第 n 項までの和 S_n を求めよ。

$$1\cdot2,\ 2\cdot3,\ 3\cdot4,\ 4\cdot5,\ \cdots\cdots$$

解 この数列の第 k 項 a_k は $a_k=k(k+1)$ であるから

$$\begin{aligned}S_n&=\sum_{k=1}^{n}a_k=\sum_{k=1}^{n}k(k+1)=\sum_{k=1}^{n}(k^2+k)\\&=\sum_{k=1}^{n}k^2+\sum_{k=1}^{n}k=\frac{1}{6}n(n+1)(2n+1)+\frac{1}{2}n(n+1)\\&=\frac{1}{6}n(n+1)\{(2n+1)+3\}=\frac{1}{6}n(n+1)(2n+4)\\&=\boldsymbol{\frac{1}{3}n(n+1)(n+2)}\end{aligned}$$

練習26 次の数列の初項から第 n 項までの和 S_n を求めよ。

$$1\cdot4,\ 2\cdot7,\ 3\cdot10,\ 4\cdot13,\ \cdots\cdots$$

例題 4 次の和 S_n を求めよ。

$$S_n=\frac{1}{1\cdot2}+\frac{1}{2\cdot3}+\frac{1}{3\cdot4}+\cdots\cdots+\frac{1}{n(n+1)}$$

解 $\dfrac{1}{k(k+1)}=\dfrac{1}{k}-\dfrac{1}{k+1}$ と部分分数に分解して

$$\begin{aligned}S_n&=\sum_{k=1}^{n}\frac{1}{k(k+1)}=\sum_{k=1}^{n}\left(\frac{1}{k}-\frac{1}{k+1}\right)\\&=\left(\frac{1}{1}-\frac{1}{2}\right)+\left(\frac{1}{2}-\frac{1}{3}\right)+\left(\frac{1}{3}-\frac{1}{4}\right)+\cdots\cdots+\left(\frac{1}{n}-\frac{1}{n+1}\right)\\&=1-\frac{1}{n+1}=\boldsymbol{\frac{n}{n+1}}\end{aligned}$$

練習27 $\dfrac{1}{(2k-1)(2k+1)}=\dfrac{1}{2}\left(\dfrac{1}{2k-1}-\dfrac{1}{2k+1}\right)$ であることを用いて次の和 S_n を求めよ。

$$S_n=\frac{1}{1\cdot3}+\frac{1}{3\cdot5}+\frac{1}{5\cdot7}+\cdots\cdots+\frac{1}{(2n-1)(2n+1)}$$

5 漸化式と数学的帰納法

1 漸化式

初項が $a_1=1$ であり，隣り合う2項 a_n と a_{n+1} の間に

$$a_{n+1}=a_n+2n \quad \cdots\cdots①$$

という関係が成り立つ数列 $\{a_n\}$ について調べてみよう。

①の n に 1，2，3，…… を順に代入して計算すると

$$a_2=a_1+2=1+2=3$$
$$a_3=a_2+4=3+4=7$$
$$a_4=a_3+6=7+6=13$$
$$\cdots\cdots\cdots\cdots\cdots$$

となり，数列　1，3，7，13，……　が定まる。

①のように，数列 $\{a_n\}$ について，a_n から a_{n+1} を1通りに定めていく関係式を，数列 $\{a_n\}$ の **漸化式**（ぜんかしき）という。

練習28　次の式で定められる数列 $\{a_n\}$ の初項から第5項までをかけ。

(1) $a_1=2,\ a_{n+1}=2a_n \quad (n=1,\ 2,\ 3,\ \cdots\cdots)$

(2) $a_1=1,\ a_{n+1}=a_n+n+1 \quad (n=1,\ 2,\ 3,\ \cdots\cdots)$

例題 5　次の式で定められる数列 $\{a_n\}$ の一般項を求めよ。

$$a_1=1,\ a_{n+1}=3a_n+1$$

解　漸化式を用いて，各項を順次求めると

$$a_2=3\cdot a_1+1=3\cdot1+1=3+1$$
$$a_3=3\cdot a_2+1=3(3+1)+1=3^2+3+1$$
$$a_4=3\cdot a_3+1=3(3^2+3+1)+1=3^3+3^2+3+1$$
$$\cdots\cdots\cdots$$
$$a_n=3^{n-1}+3^{n-2}+\cdots\cdots+3+1=\frac{1\cdot(3^n-1)}{3-1}=\boldsymbol{\frac{3^n-1}{2}}$$

練習29　次の式で定められる数列 $\{a_n\}$ の一般項を求めよ。

(1) $a_1=2,\ a_{n+1}=a_n+n$　　(2) $a_1=1,\ a_{n+1}=2a_n+1$

2 数学的帰納法

等式

$$1+2+2^2+2^3+\cdots\cdots+2^{n-1}=2^n-1 \quad \cdots\cdots①$$

がすべての自然数について成り立つことは，次のようにして証明できる。

(I)　$n=1$ のとき①が成り立つことを示す。

(①の左辺) $=1$，(①の右辺) $=2^1-1=1$ なので，$n=1$ のとき①は成り立つ。

(II)　$n=k$ のとき①が成り立つと仮定すると，$n=k+1$ のときも①が成り立つことを示す。

$n=k$ のときの①は次の式である。

$$1+2+2^2+2^3+\cdots\cdots+2^{k-1}=2^k-1 \quad \cdots\cdots②$$

②を用いて，$n=k+1$ のときの①の左辺を変形すると

$$\begin{aligned}(\text{①の左辺}) &= 1+2+2^2+2^3+\cdots\cdots+2^{k-1}+2^k\\ &= (2^k-1)+2^k=2\cdot2^k-1=2^{k+1}-1\end{aligned}$$

右辺は $n=k+1$ のときの①の右辺であるから，$n=k+1$ のときも，①が成り立つことがわかる。

(I)，(II)より，①はすべての自然数 n について成り立つといえる。

ここで，なぜ(I)，(II)を示すことが，すべての自然数 n について①が成り立つことの証明になるのかを考えてみよう。

まず，(I)を示したので $n=1$ のとき①が成り立つ。次に(II)により，①は $n=1$ のとき成り立てば，$n=1+1$ のときも成り立つことが示されているので，$n=2$ のときも成り立つことがわかる。

さらに(II)により，①は $n=2$ のとき成り立てば，$n=2+1$ のときも成り立つことが示されているので，$n=3$ のときも成り立つことがわかる。

同様にして，$n=4,\ 5,\ 6,\ \cdots\cdots$ のときも順に①が成り立つことがわかる。

このようにして，すべての自然数 n について①が成り立つことが証明できることになる。このような考え方による証明の方法を **数学的帰納法** という。

数学的帰納法

自然数nについての命題が，すべての自然数nについて成り立つことを証明するには，次の(I)，(II)を示せばよい。

(I) **$n=1$ のとき，この命題が成り立つ。**

(II) **$n=k$ のとき，この命題が成り立つと仮定すると，**
$n=k+1$ のときにも，この命題が成り立つ。

例題 6 数学的帰納法によって，次の等式を証明せよ。

$$1+3+5+\cdots\cdots+(2n-1)=n^2 \quad \cdots\cdots①$$

証明 (I) $n=1$ のとき

$$(\text{左辺})=1,\ (\text{右辺})=1^2=1$$

よって，$n=1$ のとき①が成り立つ。

(II) $n=k$ のとき，①が成り立つと仮定すると

$$1+3+5+\cdots\cdots+(2k-1)=k^2 \quad \cdots\cdots②$$

$n=k+1$ のとき，①の左辺を，②を用いて変形すると

$$1+3+5+\cdots\cdots+(2k-1)+(2k+1)=k^2+(2k+1)$$
$$=(k+1)^2$$

したがって，$n=k+1$ のときも①は成り立つ。

(I)，(II)により，すべての自然数nについて

$$1+3+5+\cdots\cdots+(2n-1)=n^2$$

が成り立つ。 終

練習30 数学的帰納法によって，次の等式を証明せよ。

(1) $2+4+6+\cdots\cdots+2n=n(n+1)$

(2) $1\cdot1+2\cdot2+3\cdot2^2+\cdots\cdots+n\cdot2^{n-1}=(n-1)\cdot2^n+1$

(3) $1+3+3^2+\cdots\cdots+3^{n-1}=\dfrac{3^n-1}{2}$

数学的帰納法は，ある自然数以上のすべての自然数に対して成り立つ命題の証明にも用いることができる。

例題 7 n が 2 以上の自然数であるとき，次の不等式を数学的帰納法によって証明せよ。

$$3^n > 2n+1 \quad \cdots\cdots ①$$

証明 (I) $n=2$ のとき

(左辺) $= 3^2 = 9$

(右辺) $= 2\cdot 2+1 = 5$

よって，$n=2$ のとき①が成り立つ。

> n が 2 以上の自然数であるという条件より，$n=2$ からはじめる

(II) $k \geqq 2$ として，$n=k$ のとき①が成り立つと仮定すると

$$3^k > 2k+1$$

この両辺に 3 を掛けると

$$3^{k+1} > 6k+3 \quad \cdots\cdots ②$$

> $3^k > 2k+1$ を利用して $3^{k+1} > 2(k+1)+1$ を導く

ここで，$6k+3$ と $2(k+1)+1$ の大小を比較すると，$k \geqq 2$ から

$$6k+3 > 2k+3 = 2(k+1)+1 \quad \cdots\cdots ③$$

ゆえに，②，③より

$$3^{k+1} > 2(k+1)+1$$

したがって，$n=k+1$ のときも①が成り立つ。

(I)，(II)により，2 以上のすべての自然数 n について

$$3^n > 2n+1$$

が成り立つ。 **終**

練習 31 n が 3 以上の自然数であるとき，次の不等式を数学的帰納法によって証明せよ。

(1) $2^n > 2n+1$

(2) $n^2 > 1+2+3+\cdots\cdots+n$

(3) $n^3 > 1^2+2^2+3^2+\cdots\cdots+n^2$

節末問題

1. 初項から第 10 項までの和が 140，第 11 項から第 20 項までの和が 540 である等差数列 $\{a_n\}$ について，次の問いに答えよ。

(1) 初項と公差を求めよ。

(2) 第 21 項から第 30 項までの和を求めよ。

2. 初項 50，公差 -4 の等差数列 $\{a_n\}$ において，初項から第何項までの和が最大になるか。また，そのときの和を求めよ。

3. 次の問いに答えよ。

(1) 公比が 3，初項から第 6 項までの和が 364 である等比数列の初項および初項から第 n 項までの和を求めよ。

(2) 初項から第 3 項までの和が 14，初項から第 6 項までの和が -364 である等比数列の初項と公比を求めよ。

4. 等比数列をなす 3 つの数があり，3 つの数の和は 13，積は 27 である。この 3 つの数を求めよ。

5. 恒等式 $\dfrac{1}{\sqrt{k}+\sqrt{k+1}}=\sqrt{k+1}-\sqrt{k}$ が成り立つことを利用して

$$\sum_{k=1}^{80}\frac{1}{\sqrt{k}+\sqrt{k+1}}$$

を求めよ。

6. 2 つの等差数列 2，6，10，……，190 と 8，14，20，……，200 の共通項を小さい順に並べて新しい数列を作るとき，次の問いに答えよ。

(1) 初項と末項を求めよ。　　(2) この数列の和を求めよ。

7. 2 桁の自然数のうち，次の数の和を求めよ。

(1) 3 の倍数　　(2) 7 で割ると 2 余る数

8. 次の初項から第 n 項までの和を求めよ。

(1) $1\cdot2\cdot3,\ 2\cdot3\cdot4,\ 3\cdot4\cdot5,\ 4\cdot5\cdot6,\ \cdots\cdots$

(2) $1,\ 1+2,\ 1+2+4,\ 1+2+4+8,\ \cdots\cdots$

9. 次の和を求めよ。

(1) $1\cdot n+2\cdot(n-1)+3\cdot(n-2)+\cdots\cdots+n\cdot1$

(2) $\dfrac{1}{1}+\dfrac{1}{1+2}+\dfrac{1}{1+2+3}+\cdots\cdots+\dfrac{1}{1+2+3+\cdots\cdots+n}$

10. n が自然数のとき，次の(1)，(2)を数学的帰納法によって証明せよ。

(1) $1^3+2^3+3^3+\cdots\cdots+n^3=\left\{\dfrac{1}{2}n(n+1)\right\}^2$

(2) $2^n \geqq n^2 \quad (n \geqq 4)$

11. 数列 $\{a_n\}$ の初項から第 n 項までの和が $S_n=3n^2-4n+5$ であるとき，次の問いに答えよ。

(1) a_1 の値を求めよ。 (2) a_n の一般項を求めよ。

12. $a_1=2,\ a_{n+1}=3a_n-2$ で定められた漸化式について，次の問いに答えよ。

(1) $a_{n+1}-\alpha=3(a_n-\alpha)$ となるような α を求めよ。

(2) $b_n=a_n-\alpha$ とおいて，b_n の一般項を求めよ。

(3) a_n の一般項を求めよ。

13. 数列 $\{a_n\}$ について

$$a_1=1,\ na_{n+1}=(n+1)a_n+1$$

が成り立つとき，次の問いに答えよ。

(1) $a_2,\ a_3,\ a_4$ を求め，一般項 a_n を表す n の式を推定せよ。

(2) (1)で求めた式が正しいことを数学的帰納法によって証明せよ。

◆2◆ 数列の極限

1 無限数列の極限

項が限りなく続く数列

$$a_1,\ a_2,\ a_3,\ \cdots\cdots,\ a_n,\ \cdots\cdots$$

を **無限数列** という。この章で記述する数列は，無限数列を意味するものとする。無限数列 $\{a_n\}$ について，n を限りなく大きくするとき，第 n 項 a_n の値がどのように変化するかを調べてみよう。

1 数列の収束

数列

$$\frac{1}{1},\ \frac{1}{2},\ \frac{1}{3},\ \frac{1}{4},\ \cdots\cdots,\ \frac{1}{n},\ \cdots\cdots$$

において，n を限りなく大きくすると，第 n 項 $\frac{1}{n}$ は限りなく 0 に近づく。

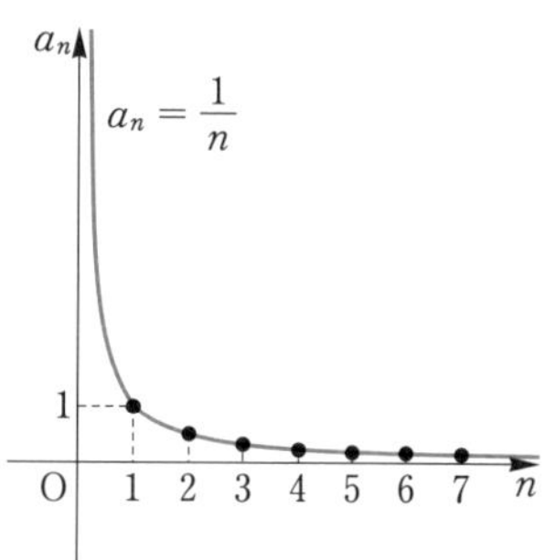

一般に，数列 $\{a_n\}$ において，n を限りなく大きくするとき，第 n 項 a_n が一定の値 α に限りなく近づくならば，数列 $\{a_n\}$ は α に **収束する**，または数列 $\{a_n\}$ の極限は α であるという。このことを次のように表す。

$$\lim_{n\to\infty} a_n=\alpha$$

記号 ∞ は 無限大 と読む

または

$$n\to\infty \text{ のとき } a_n\to\alpha$$

このとき，α を数列 $\{a_n\}$ の **極限値** という。

上記の数列については

$$\lim_{n\to\infty}\frac{1}{n}=0 \qquad \text{または} \qquad n\to\infty \text{ のとき } \frac{1}{n}\to 0$$

と表すことができる。

数列 $\{a_n\}$ において，すべての項が定数 c である数列，すなわち

$c,\ c,\ c,\ c,\ \cdots\cdots$

は c に収束すると考えて，次のように表す。

$$\lim_{n\to\infty} a_n = \lim_{n\to\infty} c = c$$

2 数列の発散

数列

$1,\ 3,\ 5,\ 7,\ \cdots\cdots,\ 2n-1,\ \cdots\cdots$

において，n を限りなく大きくすると，第 n 項 $2n-1$ は限りなく大きくなり，この数列は収束しない。

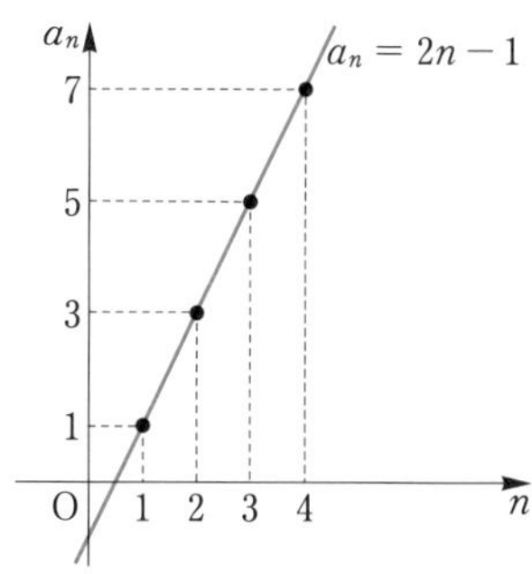

一般に，数列 $\{a_n\}$ が収束しないとき，数列 $\{a_n\}$ は **発散する** という。

数列 $\{a_n\}$ において，n を限りなく大きくするとき，a_n が限りなく大きくなるならば，数列 $\{a_n\}$ は **正の無限大に発散する**，または数列 $\{a_n\}$ の極限は正の無限大であるといい，次のように表す。

$$\lim_{n\to\infty} a_n = \infty \quad \text{または} \quad n\to\infty \text{ のとき } a_n \to \infty$$

上記の数列については，$\lim_{n\to\infty}(2n-1)=\infty$ と表すことができる。

また，n を限りなく大きくするとき，a_n が負でその絶対値が限りなく大きくなるならば，数列 $\{a_n\}$ は **負の無限大に発散する**，または数列 $\{a_n\}$ の極限は負の無限大であるといい

$$\lim_{n\to\infty} a_n = -\infty \quad \text{または} \quad n\to\infty \text{ のとき } a_n \to -\infty$$

と表す。

例 1 数列 $-1^2,\ -2^2,\ -3^2,\ -4^2,\ \cdots\cdots,\ -n^2,\ \cdots\cdots$

は負の無限大に発散し，次のように表すことができる。

$$\lim_{n\to\infty}(-n^2) = -\infty$$

発散する数列の中には，たとえば

数列 -1，1，-1，……，$(-1)^n$，……

数列 -1，2，-3，……，$(-1)^n n$，……

のように，正の無限大にも負の無限大にも発散しないものがある。このようなとき，数列 $\{a_n\}$ は **振動する** という。

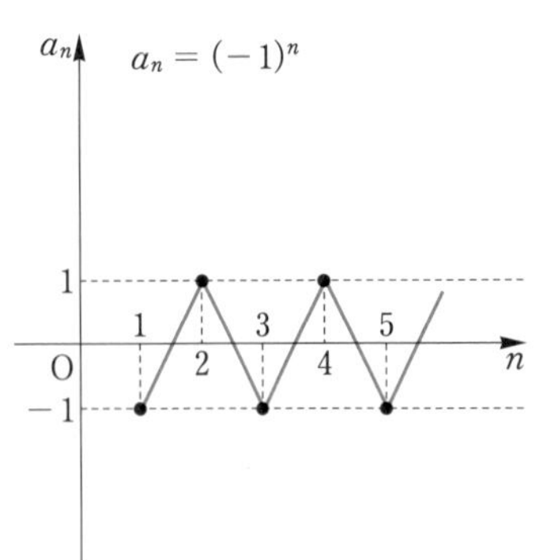

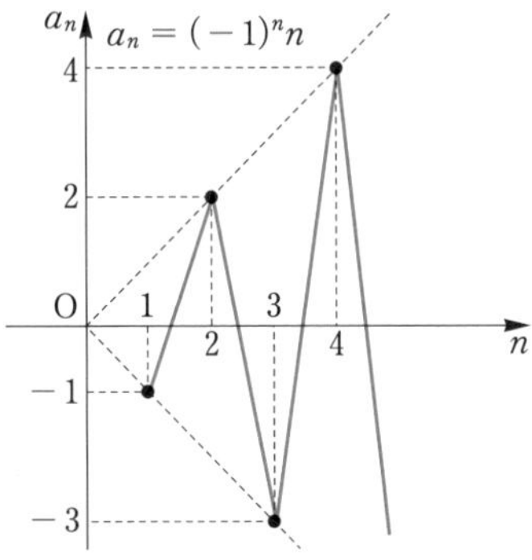

数列の極限について，次のように分類できる。

数列の極限

- **収束** …………………………… $\lim_{n\to\infty} a_n=\alpha$ （定数）
- **発散**
  - **正の無限大に発散** …… $\lim_{n\to\infty} a_n=\infty$
  - **負の無限大に発散** …… $\lim_{n\to\infty} a_n=-\infty$
  - **振動**

練習1　次の数列の収束，発散を調べ，収束するときにはその極限値を求めよ。

(1)　$\frac{1}{1}$，$\frac{1}{3}$，$\frac{1}{5}$，$\frac{1}{7}$，……　　(2)　3，1，-1，-3，-5，……

(3)　1，2，2^2，2^3，……　　(4)　2，-4，6，-8，……

練習2　一般項が次の式で表される数列について，収束，発散を調べ，収束するときにはその極限値を求めよ。

(1)　$3n$　　(2)　$3-n$　　(3)　$-n^2$　　(4)　$1+(-1)^n$

3 数列の極限値の性質

収束する数列 $\{a_n\}$, $\{b_n\}$ の極限値について，次の性質が成り立つ。

数列の極限値の性質

$\lim_{n\to\infty} a_n = \alpha$, $\lim_{n\to\infty} b_n = \beta$ のとき

[1] $\lim_{n\to\infty} ca_n = c\alpha$　　ただし，c は定数

[2] $\lim_{n\to\infty}(a_n + b_n) = \alpha + \beta$,　　$\lim_{n\to\infty}(a_n - b_n) = \alpha - \beta$

[3] $\lim_{n\to\infty} a_n b_n = \alpha\beta$,　　$\lim_{n\to\infty} \dfrac{a_n}{b_n} = \dfrac{\alpha}{\beta}$　$(\beta \neq 0)$

例2 (1) $\lim_{n\to\infty}\left(\dfrac{1}{n^2} + \dfrac{2}{n}\right) = \lim_{n\to\infty}\dfrac{1}{n^2} + \lim_{n\to\infty}\dfrac{2}{n} = 0 + 0 = 0$

(2) $\lim_{n\to\infty}\left(3 - \dfrac{1}{2^n}\right) = \lim_{n\to\infty} 3 - \lim_{n\to\infty}\dfrac{1}{2^n} = 3 - 0 = 3$

練習3 次の極限値を求めよ。

(1) $\lim_{n\to\infty}\left(\dfrac{1}{2n} - 1\right)\left(2 + \dfrac{1}{n^2}\right)$　　(2) $\lim_{n\to\infty}\left\{\dfrac{2}{3^n} + \dfrac{1}{4^n}\right\}$

例題1 次の極限値を求めよ。

(1) $\lim_{n\to\infty}\dfrac{2n+1}{3n-2}$　　(2) $\lim_{n\to\infty}\dfrac{3n^2+n-1}{4n^2-3n+1}$

解

(1) $\lim_{n\to\infty}\dfrac{2n+1}{3n-2} = \lim_{n\to\infty}\dfrac{2+\dfrac{1}{n}}{3-\dfrac{2}{n}} = \dfrac{\mathbf{2}}{\mathbf{3}}$

(2) $\lim_{n\to\infty}\dfrac{3n^2+n-1}{4n^2-3n+1} = \lim_{n\to\infty}\dfrac{3+\dfrac{1}{n}-\dfrac{1}{n^2}}{4-\dfrac{3}{n}+\dfrac{1}{n^2}} = \dfrac{\mathbf{3}}{\mathbf{4}}$

$n\to\infty$ のとき
$\dfrac{1}{n} \to 0$
$\dfrac{1}{n^2} \to 0$

練習4 次の極限値を求めよ。

(1) $\lim_{n\to\infty}\dfrac{4n-3}{2n+1}$　　(2) $\lim_{n\to\infty}\dfrac{3n-n^2}{n^2-3}$　　(3) $\lim_{n\to\infty}\dfrac{3n+1}{2n^2+3n}$

4 いろいろな数列の極限

数列 $\{a_n\}$, $\{b_n\}$ について, $\lim_{n\to\infty} a_n=\infty$, $\lim_{n\to\infty} b_n=\infty$ であるとき，一般に，

$\lim_{n\to\infty}(a_n+b_n)=\infty$, $\lim_{n\to\infty} a_nb_n=\infty$ は成り立つが, $\lim_{n\to\infty}(a_n-b_n)$ や $\lim_{n\to\infty}\dfrac{a_n}{b_n}$ については，収束する場合や発散する場合がある。このような場合の極限を調べてみよう。

例題 2 次の極限を調べよ。

(1) $\lim_{n\to\infty}(n^2-10n)$　　(2) $\lim_{n\to\infty}\dfrac{n^2}{2n-3}$

(3) $\lim_{n\to\infty}(\sqrt{n+1}-\sqrt{n})$

解 (1) $\lim_{n\to\infty}(n^2-10n)$

$$=\lim_{n\to\infty} n^2\left(1-\frac{10}{n}\right)=\infty$$

(2) $$\lim_{n\to\infty}\frac{n^2}{2n-3}=\lim_{n\to\infty}\frac{n}{2-\dfrac{3}{n}}=\infty$$

(3) $\lim_{n\to\infty}(\sqrt{n+1}-\sqrt{n})$

$$=\lim_{n\to\infty}\frac{(\sqrt{n+1}-\sqrt{n})(\sqrt{n+1}+\sqrt{n})}{\sqrt{n+1}+\sqrt{n}}$$

$$=\lim_{n\to\infty}\frac{(n+1)-n}{\sqrt{n+1}+\sqrt{n}}=\lim_{n\to\infty}\frac{1}{\sqrt{n+1}+\sqrt{n}}=\mathbf{0}$$

一般に，$n\to\infty$ のとき与えられた式が $\infty-\infty$, $\dfrac{\infty}{\infty}$, $\infty\times 0$, $\dfrac{0}{0}$ となる場合は，**不定形**といって，変形が必要になる

練習5 次の極限を調べよ。

(1) $\lim_{n\to\infty}(n^3-2n)$　　(2) $\lim_{n\to\infty}\dfrac{n^3}{3n^2+1}$

(3) $\lim_{n\to\infty}(\sqrt{n^2+1}-n)$　　(4) $\lim_{n\to\infty}(\sqrt{n^2+3n}-n)$

2 無限等比数列

指数関数 $y=1.001^x$ のグラフは，$-100 \leqq x \leqq 100$ の範囲では，図1のようにほとんど変化しないが，$-2000 \leqq x \leqq 2000$ の範囲では，図2のように大きく変化する。したがって，$\lim_{n\to\infty} 1.001^n = \infty$ となることがわかる。

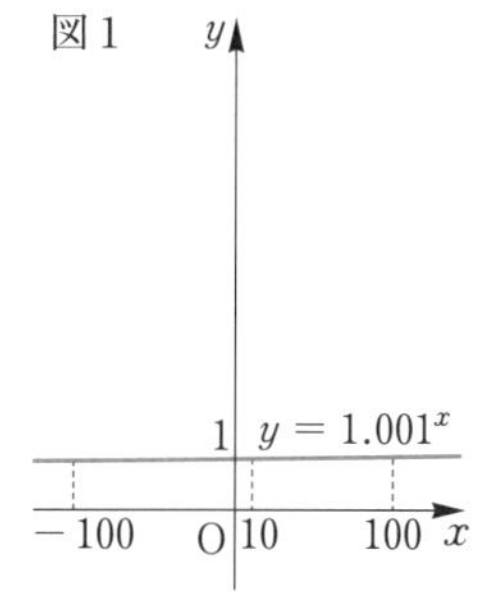

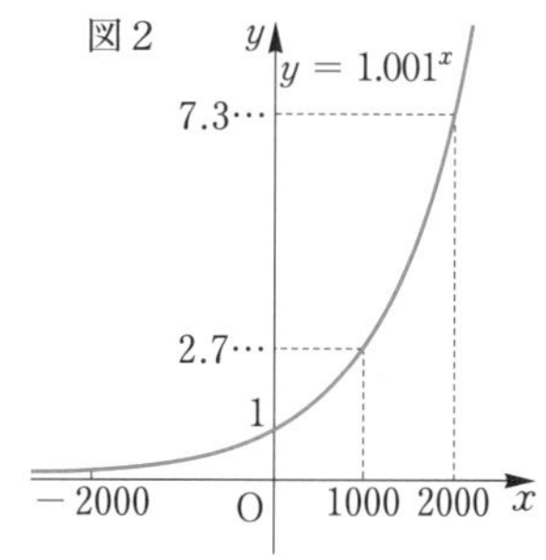

一般の無限等比数列 $\{r^n\}$ の極限について調べてみよう。

(1) $r>1$ のとき

$r=1+h\ (h>0)$ とおくと，二項定理から

$$r^n=(1+h)^n={}_nC_0+{}_nC_1h+{}_nC_2h^2+\cdots\cdots+{}_nC_nh^n$$

$$=1+nh+\frac{n(n-1)}{2}h^2+\cdots\cdots+h^n$$

ここで，$h>0$ より $(1+h)^n \geqq 1+nh$ が成り立ち $\lim_{n\to\infty}(1+nh)=\infty$ であるから $\lim_{n\to\infty}(1+h)^n=\infty$，すなわち

$$\lim_{n\to\infty} r^n=\infty$$

(2) $r=1$ のとき

すべての n について，$r^n=1$ であるから

$$\lim_{n\to\infty} r^n=1$$

(3) $0<r<1$ のとき

$r=\dfrac{1}{p}$ とおくと $p>1$ であるから $\lim_{n\to\infty} p^n=\infty$，$r^n=\dfrac{1}{p^n}$ より

↑ (1)の結果より

$$\lim_{n\to\infty} r^n=0$$

(4) $r=0$ のとき

すべての n について，$r^n=0$ であるから

$$\lim_{n\to\infty} r^n = 0$$

(5) $-1<r<0$ のとき

$0<|r|<1$ であるから，(3)より $\lim_{n\to\infty}|r^n| = \lim_{n\to\infty}|r|^n = 0$，よって

$$\lim_{n\to\infty} r^n = 0$$

(6) $r=-1$ のとき

$r^n=(-1)^n$ であるから，数列 $\{r^n\}$ は1と -1 が交互に繰り返されるので，

数列 $\{r^n\}$ は振動する。

(7) $r<-1$ のとき

$r=-p$ とおくと $r^n=(-1)^n p^n$ と表せる。ここで，$r<-1$ より $p>1$ であるから(1)の結果より $\lim_{n\to\infty} p^n=\infty$ よって，数列 $\{(-1)^n p^n\}$ は正と負の符号を交互にとりながら，絶対値は限りなく大きくなるので

数列 $\{r^n\}$ は振動する。

無限等比数列 $\{r^n\}$ の極限についてまとめると次のようになる。

無限等比数列 $\{r^n\}$ の極限

$r>1$	のとき	$\lim_{n\to\infty} r^n=\infty$	発散
$r=1$	のとき	$\lim_{n\to\infty} r^n=1$	収束
$-1<r<1$	のとき	$\lim_{n\to\infty} r^n=0$	収束
$r\leqq -1$	のとき	振動	発散（振動）

例3 無限等比数列 $\frac{3}{4}$，$\frac{9}{16}$，$\frac{27}{64}$，$\frac{81}{256}$，…… の公比は $\frac{3}{4}$ であり，

$-1<\frac{3}{4}<1$ であるから，この数列の極限は $\lim_{n\to\infty}\left(\frac{3}{4}\right)^n=0$

練習6 次の無限等比数列の極限を調べよ。

(1) 3，9，27，81，……

(2) 3，-6，12，-24，……

(3) $-\frac{2}{3}$，$\frac{4}{9}$，$-\frac{8}{27}$，……

(4) 1，$\frac{1}{\sqrt{3}}$，$\frac{1}{3}$，$\frac{1}{3\sqrt{3}}$，……

例題 3 次の極限を調べよ。

(1) $\lim_{n\to\infty}\frac{5^n-3^n}{4^n}$　　(2) $\lim_{n\to\infty}\frac{3^{n+1}-2^n}{2^n+3^n}$

解 (1) $\lim_{n\to\infty}\frac{5^n-3^n}{4^n}=\lim_{n\to\infty}\left\{\left(\frac{5}{4}\right)^n-\left(\frac{3}{4}\right)^n\right\}=\infty$

$\lim_{n\to\infty}\left(\frac{5}{4}\right)^n=\infty$

$\lim_{n\to\infty}\left(\frac{3}{4}\right)^n=0$

(2) $\lim_{n\to\infty}\frac{3^{n+1}-2^n}{2^n+3^n}=\lim_{n\to\infty}\frac{3-\left(\frac{2}{3}\right)^n}{\left(\frac{2}{3}\right)^n+1}=\mathbf{3}$

$\lim_{n\to\infty}\left(\frac{2}{3}\right)^n=0$

練習 7 次の極限を調べよ。

(1) $\lim_{n\to\infty}\frac{4^n+2^n}{3^n}$　　(2) $\lim_{n\to\infty}\frac{2^{n+1}}{3^n-2^n}$　　(3) $\lim_{n\to\infty}\frac{5^n-(-3)^n}{5^{n+1}+4}$

前ページにまとめた数列 $\{r^n\}$ の極限から，次のことが成り立つ。

数列 $\{r^n\}$ が収束する $\iff$ $-1<r\leqq 1$

例題 4 数列 $\left\{\left(\frac{x}{3}\right)^n\right\}$ が収束するような実数 x の値の範囲とその極限値を求めよ。

解 収束する条件は $-1<\frac{x}{3}\leqq 1$ である。

これより　$\boldsymbol{-3<x\leqq 3}$

極限値は　$-3<x<3$ のとき　$\mathbf{0}$

$x=3$ のとき　$\mathbf{1}$

練習 8 次の数列が収束するような実数 x の値の範囲とその極限値を求めよ。

(1) $\left\{\left(\frac{x}{2}\right)^n\right\}$　　(2) $\{(x^2-2)^n\}$

練習 9 一般項が $\frac{2r^n}{1+r^n}$ で表される数列の極限値を，次の各場合について求めよ。

(1) $r>1$　　(2) $r=1$　　(3) $|r|<1$　　(4) $r<-1$

3 無限等比級数

1 無限級数

無限数列

$$a_1,\ a_2,\ a_3,\ \cdots\cdots,\ a_n,\ \cdots\cdots$$

の各項を + の記号で結んだ式

$$a_1+a_2+a_3+\cdots\cdots+a_n+\cdots\cdots \qquad \cdots\cdots①$$

を **無限級数** という。

無限級数①は，和の記号 Σ を用いて $\displaystyle\sum_{n=1}^{\infty}a_n$ とも表す。すなわち

$$\sum_{n=1}^{\infty}a_n=a_1+a_2+a_3+\cdots\cdots+a_n+\cdots\cdots$$

である。

ここで

$$S_n=\sum_{k=1}^{n}a_k=a_1+a_2+a_3+\cdots\cdots+a_n$$

を，この無限級数の初項 a_1 から第 n 項 a_n までの **部分和** という。

この部分和のつくる無限数列

$$S_1,\ S_2,\ S_3,\ \cdots\cdots,\ S_n,\ \cdots\cdots$$

が収束して，その極限値が S であるとき，すなわち

$$\lim_{n\to\infty}S_n=\lim_{n\to\infty}\sum_{k=1}^{n}a_k=S$$

であるとき，無限級数 $\displaystyle\sum_{n=1}^{\infty}a_n$ は S に **収束する** といい，S をこの **無限級数の和** という。このとき，次のように表す。

$$a_1+a_2+a_3+\cdots\cdots+a_n+\cdots\cdots=S$$

または

$$\sum_{n=1}^{\infty}a_n=S$$

数列 $\{S_n\}$ が発散するとき，無限級数 $\displaystyle\sum_{n=1}^{\infty}a_n$ は **発散する** という。

例題 5 次の無限級数の収束，発散を調べ，収束するときはその和を求めよ。

(1) $\displaystyle\sum_{n=1}^{\infty}\frac{1}{n(n+1)}$　　(2) $\displaystyle\sum_{n=1}^{\infty}\frac{1}{\sqrt{n+1}+\sqrt{n}}$

解 (1) この無限級数の初項から第 n 項までの部分和 S_n は

$$S_n=\sum_{k=1}^{n}\frac{1}{k(k+1)}=\sum_{k=1}^{n}\left(\frac{1}{k}-\frac{1}{k+1}\right)$$

$$=\left(\frac{1}{1}-\frac{1}{2}\right)+\left(\frac{1}{2}-\frac{1}{3}\right)+\left(\frac{1}{3}-\frac{1}{4}\right)+\cdots\cdots+\left(\frac{1}{n}-\frac{1}{n+1}\right)$$

$$=1-\frac{1}{n+1}$$

ゆえに　$\displaystyle\lim_{n\to\infty}S_n=\lim_{n\to\infty}\left(1-\frac{1}{n+1}\right)=1$

よって，この無限級数は**収束し**，その和は**1**である。

(2) この無限級数の初項から第 n 項までの部分和 S_n は

$$S_n=\sum_{k=1}^{n}\frac{1}{\sqrt{k+1}+\sqrt{k}}$$

$$=\sum_{k=1}^{n}(\sqrt{k+1}-\sqrt{k})$$

$$=(\sqrt{2}-\sqrt{1})+(\sqrt{3}-\sqrt{2})+(\sqrt{4}-\sqrt{3})+\cdots\cdots$$

$$\cdots\cdots+(\sqrt{n+1}-\sqrt{n})$$

$$=\sqrt{n+1}-1$$

$$\frac{1}{\sqrt{k+1}+\sqrt{k}}=\frac{\sqrt{k+1}-\sqrt{k}}{(\sqrt{k+1}+\sqrt{k})(\sqrt{k+1}-\sqrt{k})}=\sqrt{k+1}-\sqrt{k}$$

ゆえに　$\displaystyle\lim_{n\to\infty}S_n=\lim_{n\to\infty}(\sqrt{n+1}-1)=\infty$

よって，この無限級数は**発散する。**

練習10 次の無限級数の収束，発散について調べ，収束するときはその和を求めよ。

(1) $\displaystyle\sum_{n=1}^{\infty}\frac{2}{(2n-1)(2n+1)}$　　(2) $\displaystyle\sum_{n=1}^{\infty}\frac{1}{\sqrt{2n+1}+\sqrt{2n-1}}$

2 無限等比級数

初項 a，公比 r の無限等比数列

$$a,\ ar,\ ar^2,\ \cdots\cdots,\ ar^{n-1},\ \cdots\cdots$$

からつくられる無限級数

$$\sum_{n=1}^{\infty} ar^{n-1} = a + ar + ar^2 + \cdots\cdots + ar^{n-1} + \cdots\cdots \qquad \cdots\cdots ①$$

を **無限等比級数** という。

$a \neq 0$ のとき，無限等比級数①の収束，発散について調べてみよう。

初項から第 n 項までの部分和を S_n とすると

$r \neq 1$ のとき　$S_n = \dfrac{a(1-r^n)}{1-r} = \dfrac{a(r^n-1)}{r-1}$

$r = 1$ のとき　$S_n = na$

である。

①を r の値によって場合分けすると，次のようになる。

(1) $-1 < r < 1$ すなわち $|r| < 1$ のとき

$\displaystyle\lim_{n\to\infty} r^n = 0$ であるから，$\displaystyle\lim_{n\to\infty} S_n = \lim_{n\to\infty}\frac{a(1-r^n)}{1-r} = \frac{a}{1-r}$

よって，無限等比級数①は収束して，その和は $\dfrac{a}{1-r}$ である。

(2) $r = 1$ のとき

$a > 0$ ならば　$\displaystyle\lim_{n\to\infty} S_n = \lim_{n\to\infty} na = \infty$

$a < 0$ ならば　$\displaystyle\lim_{n\to\infty} S_n = \lim_{n\to\infty} na = -\infty$

よって，無限等比級数①は発散する。

(3) $r \leqq -1$ または $r > 1$ のとき

無限等比数列 $\{r^n\}$ は発散するから，数列 $\{S_n\}$ も発散する。よって，無限等比級数①は発散する。

なお，$a = 0$ のとき $S_n = 0$ となり，r の値に関係なく無限等比級数①は収束してその和は0である。

以上のことをまとめると，次のようになる。

無限等比級数の収束，発散

初項 a，公比 r の無限等比級数 $a+ar+ar^2+\cdots\cdots+ar^{n-1}+\cdots\cdots$ は，

$a \neq 0$ のとき　$|r|<1$ ならば，収束して その和は $\dfrac{a}{1-r}$

$|r| \geqq 1$ ならば，発散する

$a=0$ のとき，収束して その和は 0

例題 6　次の無限等比級数の収束，発散を調べ，収束するものについては，その和を求めよ。

(1) $1-\dfrac{1}{2}+\dfrac{1}{4}-\dfrac{1}{8}+\cdots\cdots$　　(2) $1+\dfrac{3}{2}+\dfrac{9}{4}+\dfrac{27}{8}+\cdots\cdots$

解　(1) 初項 $a=1$，公比 $r=-\dfrac{1}{2}$ で，$|r|<1$ であるから収束し，その和 S は

$$S=\frac{1}{1-\left(-\frac{1}{2}\right)}=\frac{1}{1+\frac{1}{2}}=\boldsymbol{\frac{2}{3}}$$

(2) 初項 $a=1$，公比 $r=\dfrac{3}{2}$ で，$|r| \geqq 1$ であるから **発散する。**

練習11　次の無限等比級数の収束，発散を調べ，収束するものについてはその和を求めよ。

(1) $1+\dfrac{1}{2}+\dfrac{1}{4}+\cdots\cdots$　　(2) $2-\sqrt{2}+1-\cdots\cdots$

(3) $4-6+9-\cdots\cdots$　　(4) $1-1+1-\cdots\cdots$

練習12　次の無限等比級数が収束するような x の値の範囲を求めよ。また，そのときの和も求めよ。

$$x+x(1-x)+x(1-x)^2+x(1-x)^3+\cdots\cdots$$

3 循環小数と無限等比級数

整数でない有理数は，小数の形で表すと $\dfrac{3}{8}=0.375$ のように有限小数になるか，$\dfrac{3}{11}=0.\dot{2}\dot{7}$ のように循環小数になるかのどちらかである。

逆に，有限小数や循環小数は分数の形で表すことができる。

たとえば，有限小数 0.1925 は

$$0.1925=\frac{1925}{10000}=\frac{77}{400}$$

となる。

また，循環小数 $0.\dot{1}2\dot{3}$ は無限級数で表すと

$$\begin{aligned}0.\dot{1}2\dot{3}&=0.123123123\cdots\cdots\\&=0.123+0.000123+0.000000123+\cdots\cdots\end{aligned}$$

となり，初項 0.123，公比 $\dfrac{1}{1000}$ の無限等比級数である。

よって

$$0.\dot{1}2\dot{3}=\frac{0.123}{1-\dfrac{1}{1000}}=\frac{123}{999}=\frac{41}{333}$$

となる。

このように，有限小数や循環小数は分数の形で表すことができる。

例4　循環小数 $0.1\dot{3}\dot{6}$ は

$$0.1\dot{3}\dot{6}=0.1+0.036+0.00036+0.0000036+\cdots\cdots$$

と表せるから

$$0.1\dot{3}\dot{6}=0.1+\frac{0.036}{1-\dfrac{1}{100}}=\frac{1}{10}+\frac{36}{990}=\frac{3}{22}$$

練習13　次の循環小数を分数の形に表せ。

(1)　$0.\dot{4}$　　(2)　$0.\dot{6}\dot{3}$　　(3)　$0.4\dot{5}\dot{6}$

4 無限級数の性質

31 ページの数列の極限値の性質から，次のことが成り立つ。

無限級数の性質

無限級数 $\sum_{n=1}^{\infty} a_n$, $\sum_{n=1}^{\infty} b_n$ がともに収束し，$\sum_{n=1}^{\infty} a_n = S$, $\sum_{n=1}^{\infty} b_n = T$ のとき

[1] $\sum_{n=1}^{\infty} ca_n = cS$ ただし，c は定数

[2] $\sum_{n=1}^{\infty} (a_n + b_n) = S + T$, $\sum_{n=1}^{\infty} (a_n - b_n) = S - T$

例題 7 無限級数 $\sum_{n=1}^{\infty} \left(\frac{1}{2^n} + \frac{2}{(-3)^n}\right)$ の和を求めよ。

解 $\sum_{n=1}^{\infty} \frac{1}{2^n}$ は，初項 $\frac{1}{2}$，公比 $\frac{1}{2}$ の無限等比級数であり，

$\sum_{n=1}^{\infty} \frac{2}{(-3)^n}$ は初項 $-\frac{2}{3}$，公比 $-\frac{1}{3}$ の無限等比級数である。

公比について，$\left|\frac{1}{2}\right| < 1$, $\left|-\frac{1}{3}\right| < 1$ であるから，ともに収束し

$$\sum_{n=1}^{\infty} \frac{1}{2^n} = \frac{\frac{1}{2}}{1 - \frac{1}{2}} = 1,$$

$$\sum_{n=1}^{\infty} \frac{2}{(-3)^n} = \frac{-\frac{2}{3}}{1 - \left(-\frac{1}{3}\right)} = -\frac{1}{2}$$

よって，$\sum_{n=1}^{\infty} \left(\frac{1}{2^n} + \frac{2}{(-3)^n}\right) = 1 - \frac{1}{2} = \mathbf{\frac{1}{2}}$

練習 14 次の無限級数の和を求めよ。

(1) $\sum_{n=1}^{\infty} \left(\frac{1}{2^{n-1}} - \frac{1}{4^{n-1}}\right)$ (2) $\sum_{n=1}^{\infty} \left(\frac{1}{3^n} + \frac{2}{9^n}\right)$

(3) $\sum_{n=1}^{\infty} \left\{\left(\frac{2}{3}\right)^n + \left(-\frac{1}{2}\right)^n\right\}$ (4) $\sum_{n=1}^{\infty} \frac{3^n - (-2)^n}{6^n}$

節末問題

1. 次の極限を調べよ。

(1) $\displaystyle\lim_{n\to\infty}\frac{1}{n}\cos\frac{n\pi}{3}$　　(2) $\displaystyle\lim_{n\to\infty}\frac{5^n}{3^n-4^n}$

(3) $\displaystyle\lim_{n\to\infty}(3^n-2^n)$　　(4) $\displaystyle\lim_{n\to\infty}\{2^n+(-3)^n\}$

2. 一般項 a_n が次の式で表される数列の収束，発散を調べ，収束するときにはその極限値を求めよ。

(1) $\sin\dfrac{n\pi}{2}$　　(2) $\log_2(4n+3)-\log_2(n+1)$

(3) $\dfrac{1+2+3+\cdots\cdots+n}{n^2}$　　(4) $\sqrt{n^2+n+1}-\sqrt{n^2+1}$

3. 無限等比級数 $1+\dfrac{1}{5}+\dfrac{1}{5^2}+\dfrac{1}{5^3}+\cdots\cdots+\dfrac{1}{5^{n-1}}+\cdots\cdots$ について，次の問いに答えよ。

(1) この無限等比級数の和 S を求めよ。

(2) 初項から第 n 項までの和を S_n とするとき，S と S_n の差が 0.0001 より小さくなるような n の値の範囲を求めよ。ただし，$\log_{10}2=0.3010$ とする。

4. 直角三角形 ABC に，図のように，順に正方形 $A_1B_1BC_1$，$A_2B_2C_1C_2$，$A_3B_3C_2C_3$，…… を内接させるものとする。
$AB=1$，$BC=2$，$\angle B=90°$ として，これらの正方形の面積の総和 S を求めよ。

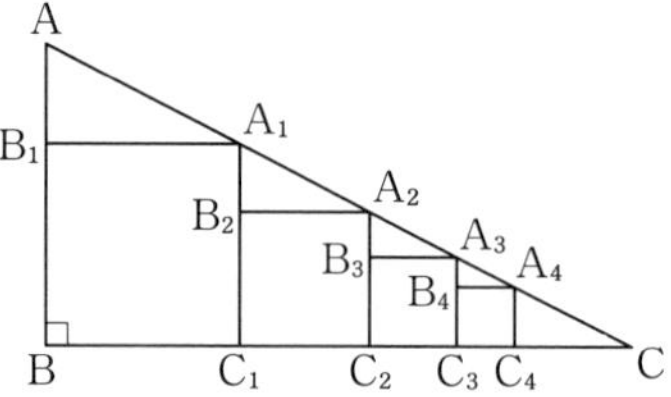

5. 次の命題の反例を示せ。

(1) $a_n>b_n$ ならば，$\displaystyle\lim_{n\to\infty}a_n>\lim_{n\to\infty}b_n$ が成り立つ。

(2) $\displaystyle\lim_{n\to\infty}a_n$ と $\displaystyle\lim_{n\to\infty}b_n$ が発散すれば，$\displaystyle\lim_{n\to\infty}(a_n-b_n)=0$

(3) $\displaystyle\lim_{n\to\infty}\frac{a_n}{b_n}$ が収束するならば，$\displaystyle\lim_{n\to\infty}(a_n-b_n)$ は収束する。

第 2 章

微分法

…1…

関数の極限

…2…

導関数

…3…

導関数の応用

極限の概念からはじまり，曲線の接線の研究からニュートンとライプニッツが独立して発見した微分積分の基本定理は17世紀の数学の最大の成果である。その後，多くの数学者によって受け継がれ，今日の数学，自然科学の発展に大きく寄与したのはいうまでもない。

◆ 1 ◆ 関数の極限

1 関数の極限値

1 関数の極限値

関数 $f(x)$ において，x が a と異なる値をとりながら，a に限りなく近づくとき，$f(x)$ の値が一定の値 α に限りなく近づくならば，このことを

$$\lim_{x \to a} f(x) = \alpha$$

または

$$x \to a \text{ のとき } f(x) \to \alpha$$

と表し，x が a に限りなく近づくとき $f(x)$ は α に **収束する**，または $f(x)$ の極限は α であるという。また，α のことを，x が a に限りなく近づくときの $f(x)$ の **極限値** という。

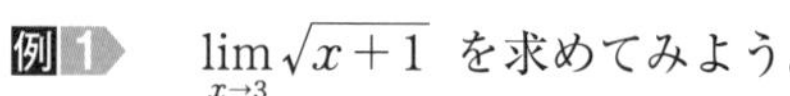

例1 $\lim_{x \to 3} \sqrt{x+1}$ を求めてみよう。

x が 3 に限りなく近づくとき，

$\sqrt{x+1}$ は $x=3$ のときの値 2 に

限りなく近づくから

$$\lim_{x \to 3} \sqrt{x+1} = 2$$

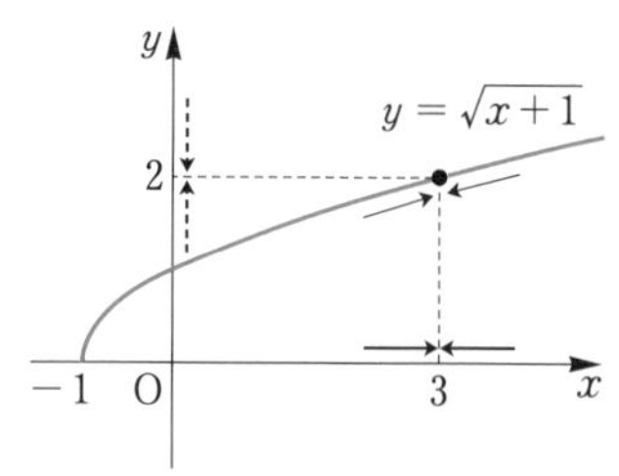

練習1 次の極限値を求めよ。

(1) $\lim_{x \to 1} (4x+1)$　　(2) $\lim_{x \to 2} (x^2 - x - 1)$

(3) $\lim_{x \to 0} \sqrt{2x+3}$　　(4) $\lim_{x \to -2} \sqrt{5 + \dfrac{x}{2}}$

(5) $\lim_{x \to 1} \dfrac{x-1}{x+2}$　　(6) $\lim_{x \to 0} \dfrac{x-3}{x^2+1}$

$\lim_{x \to a} f(x)$ について,「x が a に限りなく近づく」とは x が a と異なる値をとりながら a に限りなく近づくことなので,関数 $f(x)$ が $x=a$ のとき定義されていなくても,$\lim_{x \to a} f(x)$ が存在することがある。

例 2 $f(x)=\dfrac{x^2-1}{x-1}$ は $x=1$ で定義されていないが,$x \neq 1$ のとき

$$f(x)=\frac{(x+1)(x-1)}{x-1}=x+1$$

である。したがって

$$\lim_{x \to 1} f(x)=\lim_{x \to 1}\frac{x^2-1}{x-1}$$

$$=\lim_{x \to 1}\frac{(x+1)(x-1)}{x-1}$$

$$=\lim_{x \to 1}(x+1)=2$$

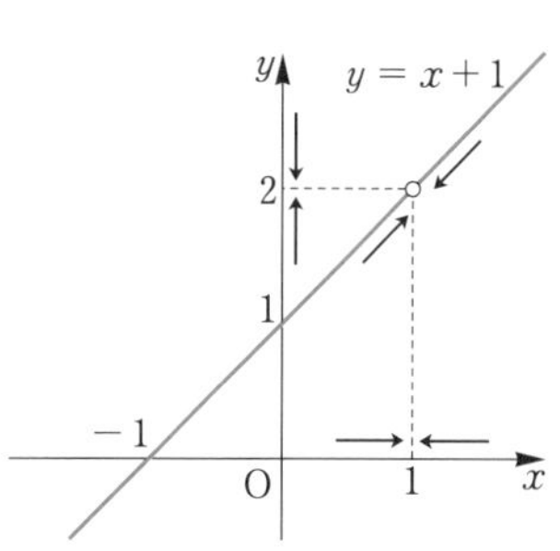

練習 2 次の極限値を求めよ。

(1) $\lim_{x \to 0}\dfrac{x^2-x}{x}$　　(2) $\lim_{x \to -2}\dfrac{x^2-4}{x+2}$

(3) $\lim_{x \to 2}\dfrac{x^2-5x+6}{x-2}$　　(4) $\lim_{x \to -1}\dfrac{-x^2+1}{x+1}$

数列の場合と同様に,関数の極限値についても次の性質が成り立つ。

関数の極限値の性質

$\lim_{x \to a} f(x)=\alpha$, $\lim_{x \to a} g(x)=\beta$ のとき

[1] $\lim_{x \to a} cf(x)=c\alpha$　　ただし,c は定数

[2] $\lim_{x \to a}\{f(x)+g(x)\}=\alpha+\beta$,　$\lim_{x \to a}\{f(x)-g(x)\}=\alpha-\beta$

[3] $\lim_{x \to a} f(x)g(x)=\alpha\beta$,　$\lim_{x \to a}\dfrac{f(x)}{g(x)}=\dfrac{\alpha}{\beta}$　$(\beta \neq 0)$

例題 1　次の極限値を求めよ。

(1) $\displaystyle\lim_{x\to2}\frac{x^2-x-2}{x^2-2x}$　　(2) $\displaystyle\lim_{x\to0}\frac{1}{x}\left(1+\frac{3}{x-3}\right)$

解

(1) $$\lim_{x\to2}\frac{x^2-x-2}{x^2-2x}=\lim_{x\to2}\frac{(x+1)(x-2)}{x(x-2)}$$
$$=\lim_{x\to2}\frac{x+1}{x}=\frac{2+1}{2}=\boldsymbol{\frac{3}{2}}$$

(2) $$\lim_{x\to0}\frac{1}{x}\left(1+\frac{3}{x-3}\right)=\lim_{x\to0}\left(\frac{1}{x}\cdot\frac{x}{x-3}\right)$$
$$=\lim_{x\to0}\frac{1}{x-3}=\frac{1}{0-3}=\boldsymbol{-\frac{1}{3}}$$

練習 3　次の極限値を求めよ。

(1) $\displaystyle\lim_{x\to1}\frac{x^3-1}{x-1}$　　(2) $\displaystyle\lim_{x\to-2}\frac{3x^2+4x-4}{2x^2+7x+6}$　　(3) $\displaystyle\lim_{x\to0}\frac{1}{x}\left(1+\frac{1}{x^2-1}\right)$

例題 2　次の極限値を求めよ。

$$\lim_{x\to3}\frac{\sqrt{x+1}-2}{x-3}$$

解

$$\lim_{x\to3}\frac{\sqrt{x+1}-2}{x-3}=\lim_{x\to3}\frac{(\sqrt{x+1}-2)(\sqrt{x+1}+2)}{(x-3)(\sqrt{x+1}+2)}$$
$$=\lim_{x\to3}\frac{x-3}{(x-3)(\sqrt{x+1}+2)}$$
$$=\lim_{x\to3}\frac{1}{\sqrt{x+1}+2}=\boldsymbol{\frac{1}{4}}$$

練習 4　次の極限値を求めよ。

(1) $\displaystyle\lim_{x\to1}\frac{\sqrt{x+3}-2}{x-1}$　　(2) $\displaystyle\lim_{x\to0}\frac{x}{\sqrt{x+1}-1}$　　(3) $\displaystyle\lim_{x\to2}\frac{\sqrt{2x}-\sqrt{x+2}}{x-2}$

2 $\lim_{x \to a} g(x)=0$ で $\lim_{x \to a} \dfrac{f(x)}{g(x)}$ が存在するとき

関数 $f(x)$，$g(x)$ と定数 α について

$$\lim_{x \to a} \frac{f(x)}{g(x)} = \alpha \quad かつ \quad \lim_{x \to a} g(x) = 0$$

であるとき，45ページの関数の極限値の性質を用いると

$$\lim_{x \to a} f(x) = \lim_{x \to a} \left\{ \frac{f(x)}{g(x)} \cdot g(x) \right\} = \alpha \cdot 0 = 0$$

が成り立つ。

例題 3　次の等式が成り立つように，定数 a，b の値を定めよ。

$$\lim_{x \to 1} \frac{x^2+ax+b}{x-1} = 3$$

解　$\lim_{x \to 1}(x-1)=0$ であるから，与えられた等式が成り立つためには

$$\lim_{x \to 1}(x^2+ax+b)=0$$

これより　$1+a+b=0$

すなわち　$b=-a-1$　……①

このとき

$$\lim_{x \to 1} \frac{x^2+ax+b}{x-1} = \lim_{x \to 1} \frac{x^2+ax-a-1}{x-1}$$

$$= \lim_{x \to 1} \frac{(x-1)(x+a+1)}{x-1} = \lim_{x \to 1}(x+a+1) = a+2$$

したがって　$a+2=3$　ゆえに　$a=1$

①に代入して　$b=-2$

このとき，与えられた等式が成り立つ。

よって　$\boldsymbol{a=1,\quad b=-2}$

練習 5　次の等式が成り立つように，定数 a，b の値を定めよ。

(1) $\displaystyle \lim_{x \to 2} \frac{x^2+ax+b}{x-2} = 3$　　(2) $\displaystyle \lim_{x \to -1} \frac{a\sqrt{x+2}+b}{x+1} = 1$

2 関数のいろいろな極限

1 正の無限大，負の無限大に発散

関数 $f(x)=\dfrac{1}{x^2}$ について，x が限りなく 0 に近づくとき，$f(x)$ の値は右の図のように限りなく大きくなる。

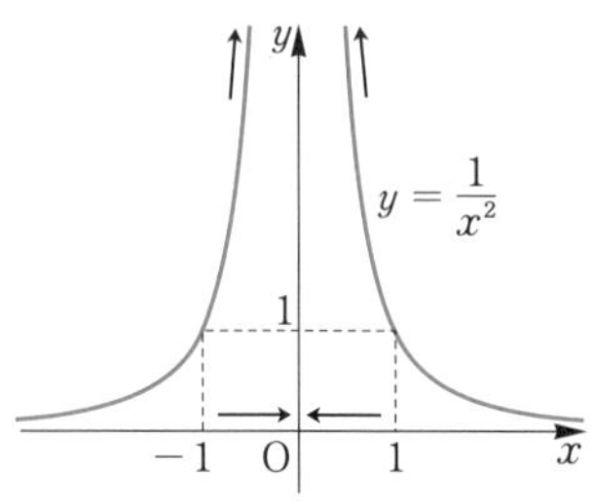

一般に，関数 $f(x)$ において，x が a に限りなく近づくとき，$f(x)$ の値が限りなく大きくなるならば，$f(x)$ は **正の無限大に発散する**，または $f(x)$ の極限は正の無限大であるといい，次のように表す。

$$\lim_{x\to a} f(x)=\infty \quad \text{または} \quad x\to a \text{ のとき } f(x)\to\infty$$

上記の関数については，$\displaystyle\lim_{x\to 0}\frac{1}{x^2}=\infty$ と表すことができる。

また，x が a に限りなく近づくとき，$f(x)$ の値が負で，その絶対値が限りなく大きくなるならば，$f(x)$ は **負の無限大に発散する**，または $f(x)$ の極限は負の無限大であるといい，次のように表す。

$$\lim_{x\to a} f(x)=-\infty \quad \text{または} \quad x\to a \text{ のとき } f(x)\to-\infty$$

例3 関数 $f(x)=-\dfrac{1}{|x|}$ について

$x>0$ のとき　$f(x)=-\dfrac{1}{x}$

$x<0$ のとき　$f(x)=\dfrac{1}{x}$

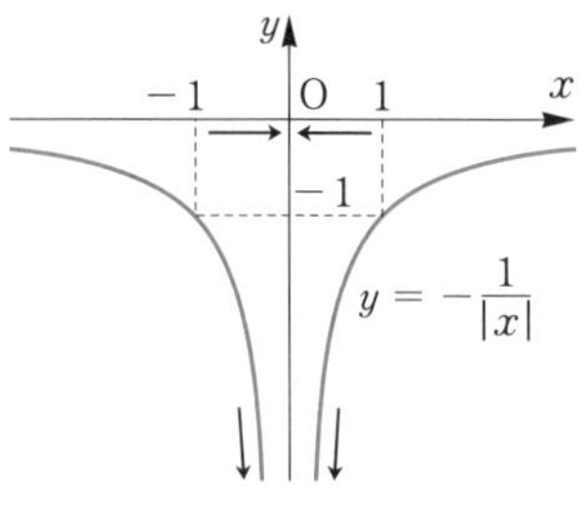

であるから，グラフは右の図のようになり

$$\lim_{x\to 0}\left(-\frac{1}{|x|}\right)=-\infty$$

練習6 次の極限を調べよ。

(1) $\displaystyle\lim_{x\to 1}\frac{1}{(x-1)^2}$　　(2) $\displaystyle\lim_{x\to 0}\left(1-\frac{1}{x^2}\right)$

2 右からの極限，左からの極限

関数 $f(x)=\dfrac{x^2+x}{|x|}$ について

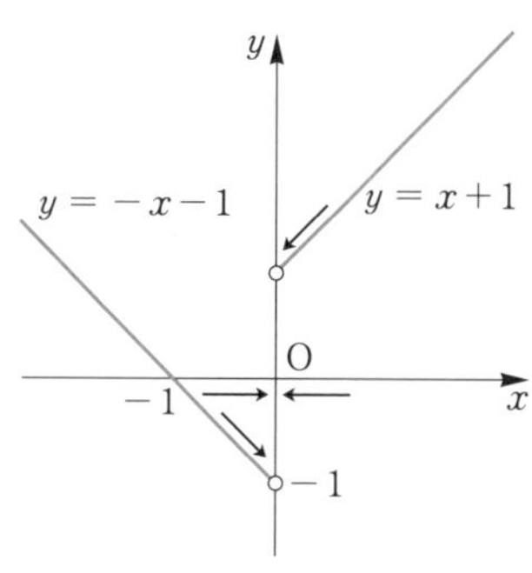

$x>0$ のとき

$$f(x)=\frac{x^2+x}{x}=x+1$$

$x<0$ のとき

$$f(x)=\frac{x^2+x}{-x}=-x-1$$

であるから，

$x>0$ の範囲で x が 0 に限りなく近づくとき，$f(x)$ の値は 1 に近づき，

$x<0$ の範囲で x が 0 に限りなく近づくとき，$f(x)$ の値は -1 に近づく。

一般に，x が a より大きい値をとりながら a に限りなく近づくことを，

x が **右から $\boldsymbol{a}$ に近づく** といい $\boldsymbol{x\to a+0}$ と表す。

また，x が a より小さい値をとりながら a に限りなく近づくことを，

x が **左から $\boldsymbol{a}$ に近づく** といい $\boldsymbol{x\to a-0}$ と表す。

とくに，$a=0$ の場合はそれぞれ $\boldsymbol{x\to +0}$，$\boldsymbol{x\to -0}$ と表す。

$x\to a+0$ のときの $f(x)$ の極限を

x が a に近づくときの **右からの極限** といい $\displaystyle\lim_{x\to a+0} f(x)$ で表す。

$x\to a-0$ のときの $f(x)$ の極限を

x が a に近づくときの **左からの極限** といい $\displaystyle\lim_{x\to a-0} f(x)$ で表す。

上記の関数については

$$\lim_{x\to +0}\frac{x^2+x}{|x|}=1,\qquad \lim_{x\to -0}\frac{x^2+x}{|x|}=-1$$

と表すことができる。

$\lim_{x \to a} f(x) = \alpha$ すなわち「$x \to a$ のとき $f(x) \to \alpha$」の意味は，x が a に限りなく近づくとき，右から近づいても左から近づいても $f(x)$ が α に限りなく近づくことである。

一般に，次のことが成り立つ。

$$\lim_{x \to a} f(x) = \alpha \iff \lim_{x \to a+0} f(x) = \lim_{x \to a-0} f(x) = \alpha$$

このことから，前ページの関数 $f(x) = \dfrac{x^2 + x}{|x|}$ について，$x \to 0$ のときの $f(x)$ の極限値はない。

例4 関数 $f(x) = |x|$ について

$$\lim_{x \to +0} |x| = \lim_{x \to +0} x = 0$$

$$\lim_{x \to -0} |x| = \lim_{x \to -0} (-x) = 0$$

よって

$$\lim_{x \to 0} |x| = 0$$

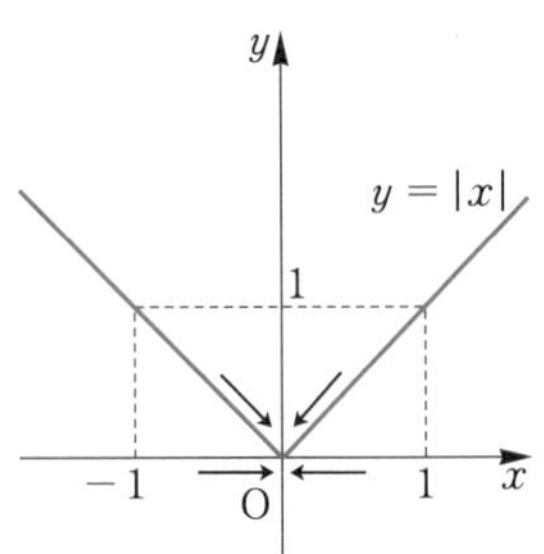

極限が「正の無限大に発散する」場合や「負の無限大に発散する」場合についても，右からの極限，左からの極限を考えることがある。

例5 関数 $f(x) = \dfrac{1}{x-1}$ について

$$\lim_{x \to 1+0} \frac{1}{x-1} = \infty$$

$$\lim_{x \to 1-0} \frac{1}{x-1} = -\infty$$

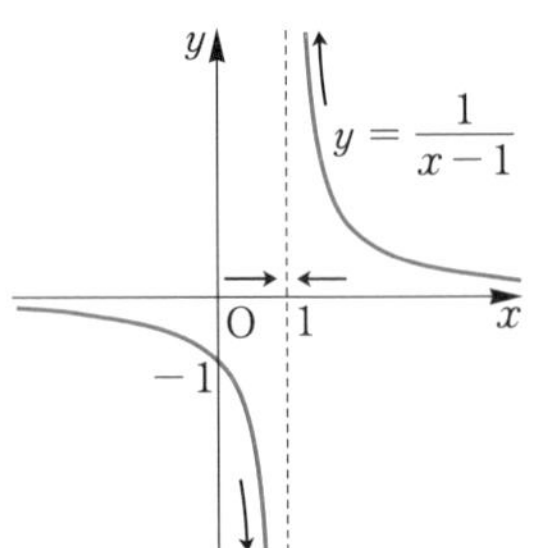

練習7 次の極限を調べよ。

(1) $\lim_{x \to -2+0} \dfrac{1}{x+2}$ (2) $\lim_{x \to -2-0} \dfrac{1}{x+2}$ (3) $\lim_{x \to 1+0} \dfrac{1}{\sqrt{x}-1}$

(4) $\lim_{x \to 1-0} \dfrac{1}{\sqrt{x}-1}$ (5) $\lim_{x \to -0} \dfrac{|x|}{x}$ (6) $\lim_{x \to 0} \dfrac{1}{|x|}$

3 $x\to\infty$, $x\to-\infty$ のときの極限

一般に，xが限りなく大きくなることを $x\to\infty$ で表し，xが負で絶対値が限りなく大きくなることを $x\to-\infty$ で表す。

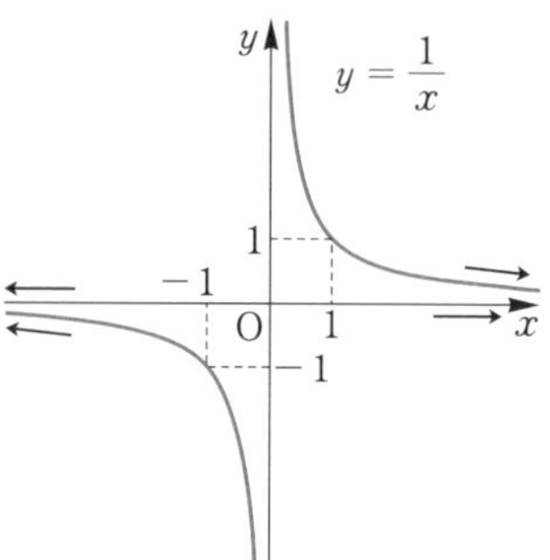

関数 $f(x)=\dfrac{1}{x}$ について

$$\lim_{x\to\infty}\frac{1}{x}=0,\quad \lim_{x\to-\infty}\frac{1}{x}=0$$

となる。このことは，右のグラフからもわかる。

例6 極限 $\displaystyle\lim_{x\to\infty}(x^3-x^2)$ は

$$\lim_{x\to\infty}(x^3-x^2)=\lim_{x\to\infty}x^3\left(1-\frac{1}{x}\right)$$

と変形できる。ここで，$x\to\infty$ のとき $x^3\to\infty$，$1-\dfrac{1}{x}\to1$ であるから

$$\lim_{x\to\infty}x^3\left(1-\frac{1}{x}\right)=\infty \quad すなわち \quad \lim_{x\to\infty}(x^3-x^2)=\infty$$

練習8 次の極限を調べよ。

(1) $\displaystyle\lim_{x\to\infty}\frac{1}{x+2}$　(2) $\displaystyle\lim_{x\to-\infty}\frac{1}{x^3+1}$　(3) $\displaystyle\lim_{x\to-\infty}\left(1-\frac{1}{x^2}\right)$

(4) $\displaystyle\lim_{x\to\infty}(x^2-x^3)$　(5) $\displaystyle\lim_{x\to-\infty}(x^2+x^3)$　(6) $\displaystyle\lim_{x\to\infty}\left(x+\frac{1}{x}\right)$

例7 (1) $$\lim_{x\to\infty}\frac{2x^2+3x+4}{x^2+1}=\lim_{x\to\infty}\frac{2+\dfrac{3}{x}+\dfrac{4}{x^2}}{1+\dfrac{1}{x^2}}=\frac{2}{1}=2$$

(2) $$\lim_{x\to-\infty}\frac{x^2-2}{x+1}=\lim_{x\to-\infty}\frac{x-\dfrac{2}{x}}{1+\dfrac{1}{x}}=-\infty$$

練習9 次の極限を調べよ。

(1) $\displaystyle\lim_{x\to\infty}\frac{x-1}{2x+3}$　(2) $\displaystyle\lim_{x\to\infty}\frac{x-1}{x^2+3}$　(3) $\displaystyle\lim_{x\to-\infty}\frac{x^3-5}{4x^2-x-3}$

3 いろいろな関数の極限

1 指数関数・対数関数の極限

指数関数 $f(x)=a^x$ について

$a>1$ のとき $\lim_{x\to\infty} a^x=\infty,\quad \lim_{x\to-\infty} a^x=0$

$0<a<1$ のとき $\lim_{x\to\infty} a^x=0,\quad \lim_{x\to-\infty} a^x=\infty$

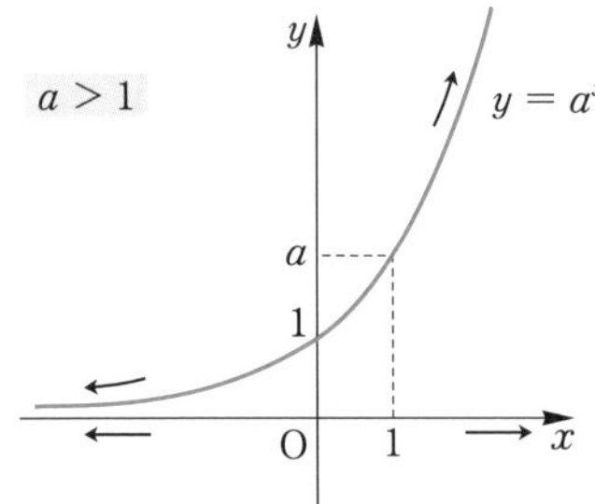

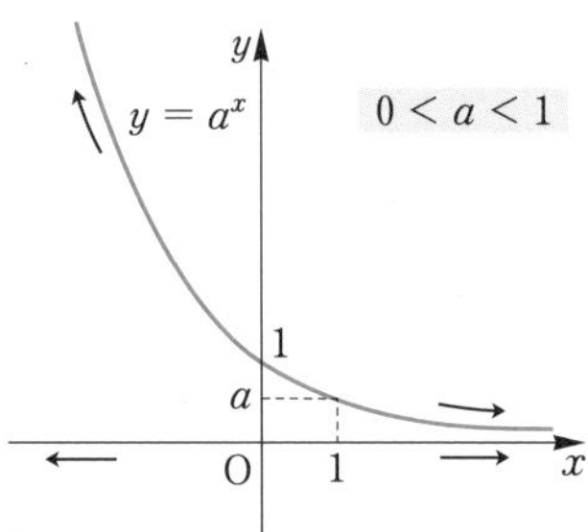

対数関数 $f(x)=\log_a x$ について

$a>1$ のとき $\lim_{x\to\infty}\log_a x=\infty,\quad \lim_{x\to+0}\log_a x=-\infty$

$0<a<1$ のとき $\lim_{x\to\infty}\log_a x=-\infty,\quad \lim_{x\to+0}\log_a x=\infty$

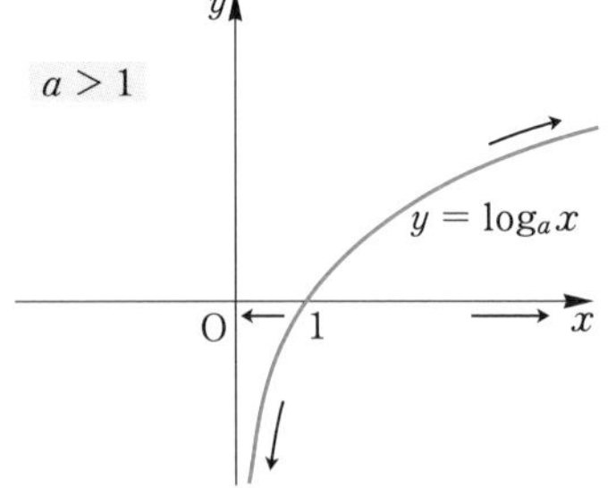

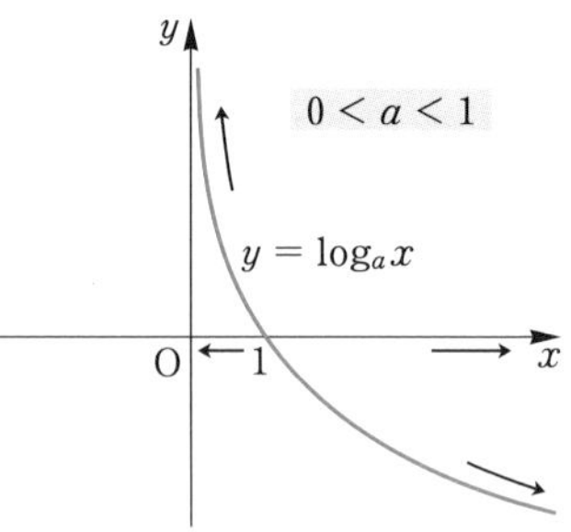

例8 (1) $\lim_{x\to\infty} 2^x=\infty$　(2) $\lim_{x\to\infty}\dfrac{1}{2^x}=0$　(3) $\lim_{x\to\infty}\dfrac{1}{\log_2 x}=0$

練習10 次の極限を調べよ。

(1) $\lim_{x\to\infty} 2^{-x}$　(2) $\lim_{x\to\infty}\dfrac{3^x+2^x}{2^x}$　(3) $\lim_{x\to-\infty}\dfrac{1}{2^x+1}$

(4) $\lim_{x\to\infty}\dfrac{1}{\log_2 x}$　(5) $\lim_{x\to\infty}\log_2\dfrac{1}{x}$　(6) $\lim_{x\to+0}\log_{\frac{1}{2}} x$

2 三角関数の極限

三角関数 $f(x)=\sin x$, $f(x)=\cos x$ は，x の値を限りなく大きくするとき -1 と 1 の間のすべての値を繰り返しとるから，これらの関数は一定の値に近づかない。

よって，$x\to\infty$ のとき $\sin x$ や $\cos x$ の極限は存在しない。

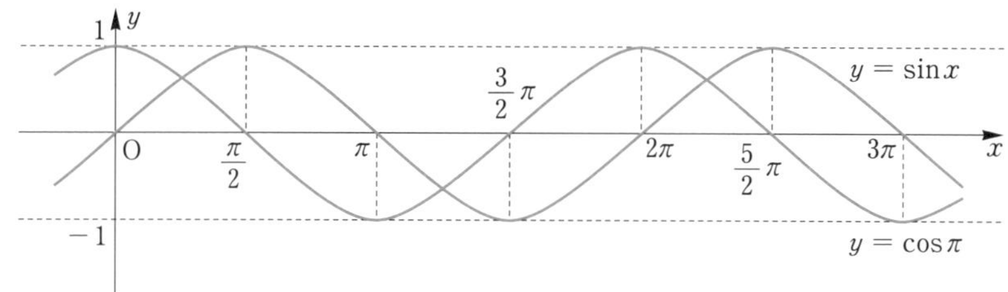

また，$f(x)=\tan x$ では

$$\lim_{x\to\frac{\pi}{2}+0}\tan x=-\infty$$

$$\lim_{x\to\frac{\pi}{2}-0}\tan x=\infty$$

となるから，$x\to\dfrac{\pi}{2}$ のときの $\tan x$ の極限は存在しない。

さらに，$x\to\infty$ のときの極限も存在しない。

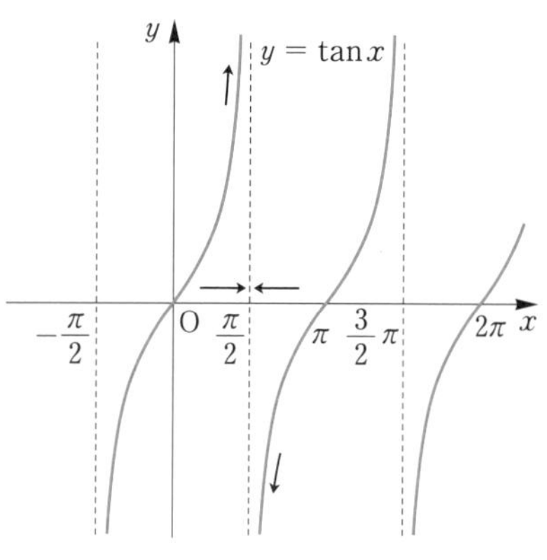

例 9 (1) $\displaystyle\lim_{x\to\infty}\sin\frac{1}{x}=0$

(2) $\displaystyle\lim_{x\to 0}\frac{\sin^2 x}{1-\cos x}=\lim_{x\to 0}\frac{1-\cos^2 x}{1-\cos x}$

$\displaystyle=\lim_{x\to 0}\frac{(1-\cos x)(1+\cos x)}{1-\cos x}$

$\displaystyle=\lim_{x\to 0}(1+\cos x)=2$

練習 11 次の極限値を求めよ。

(1) $\displaystyle\lim_{x\to\infty}\cos\frac{1}{x}$　　(2) $\displaystyle\lim_{x\to-\infty}\sin\frac{1}{x}$　　(3) $\displaystyle\lim_{x\to\frac{\pi}{2}}\frac{\cos^2 x}{1-\sin x}$

3 関数の極限値の大小関係

関数の極限値の大小関係について，次の性質が成り立つ。

関数の極限値の大小関係

[1] $\lim_{x \to a} f(x) = \alpha$, $\lim_{x \to a} g(x) = \beta$ のとき，a に十分近いすべての x の値に対してつねに，$\boldsymbol{f(x) \leqq g(x)}$ ならば $\boldsymbol{\alpha \leqq \beta}$

[2] $\lim_{x \to a} f(x) = \lim_{x \to a} g(x) = \alpha$ のとき，a に十分近いすべての x の値に対してつねに，$\boldsymbol{f(x) \leqq h(x) \leqq g(x)}$ ならば

$$\lim_{x \to a} h(x) \text{ が存在して } \boldsymbol{\lim_{x \to a} h(x) = \alpha}$$

注意 上の[2]を **はさみうちの原理** ということがある。

一般に，$-|f(x)| \leqq f(x) \leqq |f(x)|$ であるから上の[2]より次のことが成り立つ。

$$\boldsymbol{\lim_{x \to a} |f(x)| = 0 \iff \lim_{x \to a} f(x) = 0}$$

例題 4 極限値 $\lim_{x \to 0} x \sin \dfrac{1}{x}$ を求めよ。

解 $\left|\sin \dfrac{1}{x}\right| \leqq 1$ から $|x|\left|\sin \dfrac{1}{x}\right| \leqq |x|$

よって $0 \leqq \left|x \sin \dfrac{1}{x}\right| \leqq |x|$

$x \to 0$ のとき $|x| \to 0$ であるから

$$\lim_{x \to 0} \left|x \sin \frac{1}{x}\right| = 0$$

ゆえに $\boldsymbol{\lim_{x \to 0} x \sin \dfrac{1}{x} = 0}$

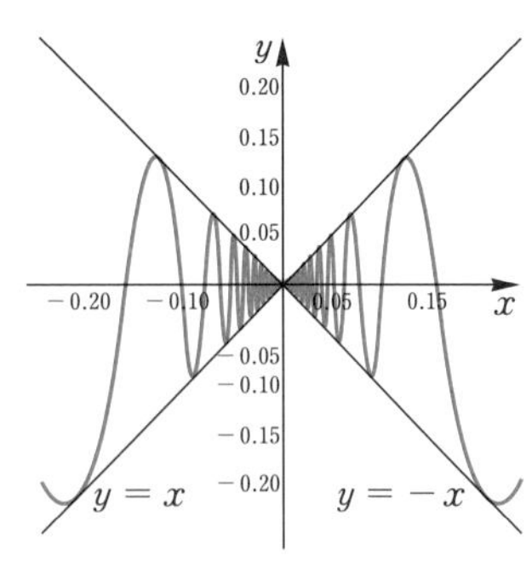

練習 12 次の極限値を求めよ。

(1) $\lim_{x \to 0} x \cos \dfrac{1}{x}$ (2) $\lim_{x \to \infty} \dfrac{\sin x}{x}$

はさみうちの原理を用いて，次の三角関数の極限の公式を証明しよう。

三角関数の極限の公式

$$\lim_{x \to 0} \frac{\sin x}{x} = 1$$

証明　$x \to 0$ とするので，x が 0 に近いところだけ考えればよい。

(i)　$0 < x < \dfrac{\pi}{2}$ のとき

半径が 1，中心角が x である扇形 OAB を考える。点 A における円の接線と，半直線 OB との交点を T とすると，面積に関して次の不等式が成り立つ。

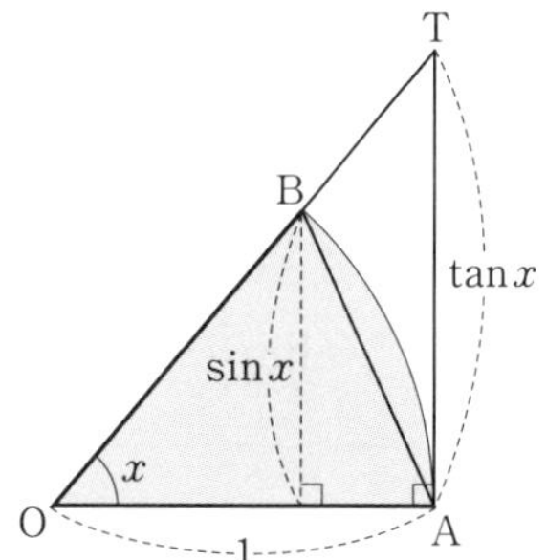

$$\triangle \mathrm{OAB} < \text{扇形 OAB} < \triangle \mathrm{OAT}$$

したがって

$$\frac{1}{2}\sin x < \frac{1}{2}x < \frac{1}{2}\tan x \quad \text{から} \quad \sin x < x < \tan x$$

各辺を $\sin x$ で割ると，$\sin x > 0$ であるから

$$1 < \frac{x}{\sin x} < \frac{1}{\cos x} \quad \text{ゆえに} \quad 1 > \frac{\sin x}{x} > \cos x$$

ここで，$\displaystyle\lim_{x \to +0} \cos x = 1$ であるから，はさみうちの原理より

$$\lim_{x \to +0} \frac{\sin x}{x} = 1$$

(ii)　$-\dfrac{\pi}{2} < x < 0$ のとき

$x = -t$ とおくと，$x \to -0$ のとき $t \to +0$ であり，$0 < t < \dfrac{\pi}{2}$ であるから，(i)より

$$\lim_{x \to -0} \frac{\sin x}{x} = \lim_{t \to +0} \frac{\sin(-t)}{-t} = \lim_{t \to +0} \frac{\sin t}{t} = 1$$

(i)，(ii)の結果から　$\displaystyle\lim_{x \to 0} \frac{\sin x}{x} = 1$　終

練習13　$\displaystyle\lim_{x \to 0} \frac{x}{\sin x} = 1$，$\displaystyle\lim_{x \to 0} \frac{\sin kx}{kx} = 1$ $(k \neq 0)$ となることを示せ。

例題 5 次の極限値を求めよ。

(1) $\displaystyle\lim_{x\to0}\frac{\sin 3x}{x}$　　(2) $\displaystyle\lim_{x\to0}\frac{1-\cos x}{x^2}$

解 (1) $\displaystyle\lim_{x\to0}\frac{\sin 3x}{x}=\lim_{x\to0}\left(3\cdot\frac{\sin 3x}{3x}\right)=3\cdot1=\mathbf{3}$

(2) $\displaystyle\lim_{x\to0}\frac{1-\cos x}{x^2}=\lim_{x\to0}\frac{(1-\cos x)(1+\cos x)}{x^2(1+\cos x)}$

$\displaystyle=\lim_{x\to0}\frac{1-\cos^2 x}{x^2(1+\cos x)}=\lim_{x\to0}\frac{\sin^2 x}{x^2(1+\cos x)}$

$\displaystyle=\lim_{x\to0}\left\{\left(\frac{\sin x}{x}\right)^2\cdot\frac{1}{1+\cos x}\right\}=1^2\cdot\frac{1}{2}=\mathbf{\frac{1}{2}}$

練習14 次の極限値を求めよ。

(1) $\displaystyle\lim_{x\to0}\frac{\sin 2x}{x}$　　(2) $\displaystyle\lim_{x\to0}\frac{\tan x}{x}$　　(3) $\displaystyle\lim_{x\to0}\frac{\sin 3x}{\sin x}$

(4) $\displaystyle\lim_{x\to0}\frac{x^2}{1-\cos^2 x}$　　(5) $\displaystyle\lim_{x\to0}\frac{1-\cos 2x}{x^2}$

例題 6 極限値 $\displaystyle\lim_{x\to\pi}\frac{\sin x}{x-\pi}$ を求めよ。

解 $\theta=x-\pi$ とおくと，$x=\theta+\pi$

$x\to\pi$ のとき $\theta\to0$ であるから

$$\lim_{x\to\pi}\frac{\sin x}{x-\pi}=\lim_{\theta\to0}\frac{\sin(\theta+\pi)}{\theta}=\lim_{\theta\to0}\frac{-\sin\theta}{\theta}$$

$$=-\lim_{\theta\to0}\frac{\sin\theta}{\theta}=\mathbf{-1}$$

練習15 次の極限値を求めよ。

(1) $\displaystyle\lim_{x\to\pi}\frac{\tan x}{x-\pi}$　　(2) $\displaystyle\lim_{x\to\frac{\pi}{2}}\frac{\cos x}{2x-\pi}$　　(3) $\displaystyle\lim_{x\to\pi}\frac{1+\cos x}{(x-\pi)^2}$

4 連続関数

1 連続関数

関数 $f(x)=x^2$ や $f(x)=\sin x$ などのグラフは，それぞれ切れ目なくつながった1つの曲線であり，定義域内のすべての値 a に対して次の式が成り立つ。

$$\lim_{x\to a} f(x)=f(a)$$

一般に，関数 $f(x)$ の定義域内の x の値 a に対して，$\lim_{x\to a} f(x)$ が存在し

$$\boldsymbol{\lim_{x\to a} f(x)=f(a)}$$

が成り立つとき，関数 $f(x)$ は $x=a$ において **連続** であるという。このとき，関数 $f(x)$ のグラフは $x=a$ でつながっている。

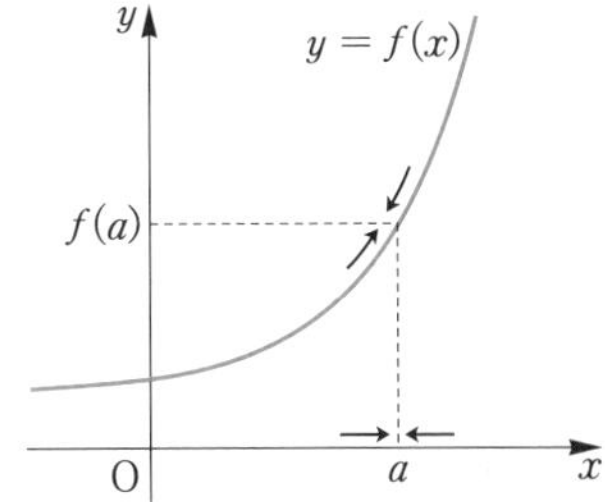

関数 $f(x)$ が $x=a$ において連続でないとき，関数 $f(x)$ は $x=a$ において **不連続** であるという。

例10 $f(x)=\begin{cases} x^2+1 & (x\neq 0) \\ 2 & (x=0) \end{cases}$

で定義された関数 $f(x)$ について

$$f(0)=2,\ \lim_{x\to 0} f(x)=1$$

であるから $\lim_{x\to 0} f(x)\neq f(0)$

$y=f(x)$ は $x=0$ において不連続である。

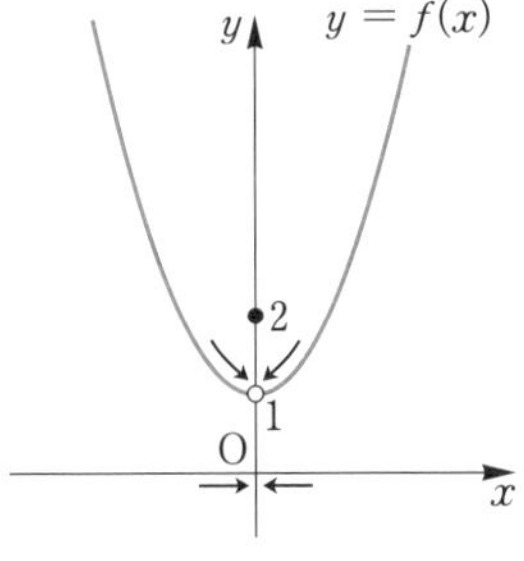

定義域 $a\leqq x\leqq b$ の関数 $f(x)$ が，定義域の左端 $x=a$ で連続であるとは，$\lim_{x\to a+0} f(x)=f(a)$ が成り立つことであり，定義域の右端 $x=b$ で連続であるとは，$\lim_{x\to b-0} f(x)=f(b)$ が成り立つことである。

練習16 次の関数 $f(x)$ が $x=1$ において連続であるかどうか調べよ。

(1) $f(x)=\begin{cases} \dfrac{x^2-x}{x-1} & (x\neq 1) \\ 1 & (x=1) \end{cases}$　　(2) $f(x)=\begin{cases} x^2-1 & (x\neq 1) \\ 1 & (x=1) \end{cases}$

2 区間における連続

区間 $a<x<b$, $a \leqq x<b$, $a<x \leqq b$, $a \leqq x \leqq b$ をそれぞれ $(a,\ b)$, $[a,\ b)$, $(a,\ b]$, $[a,\ b]$ で表す。また，実数全体も区間と考え，$(-\infty,\ \infty)$ と表す。

区間 $(a,\ b)$ を **開区間**，区間 $[a,\ b]$ を **閉区間** という。

一般に，関数 $f(x)$ が，ある区間のすべての x の値で連続であるとき，関数 $f(x)$ はその区間で連続であるという。このとき，$y=f(x)$ のグラフは，その区間で切れ目なくつながっている。

例11 (1) x の整式で表された関数 x^3-3x+1 や三角関数 $\sin x$，$\cos x$，指数関数 3^x は，区間 $(-\infty,\ \infty)$ で連続である。

(2) 対数関数 $\log_2 x$ は，区間 $(0,\ \infty)$ で連続である。

(3) 分数関数 $\dfrac{x}{x-3}$ は，$x \neq 3$ の2つの区間 $(-\infty,\ 3)$，$(3,\ \infty)$ で連続である。

(4) 無理関数 $\sqrt{x}$ は，区間 $[0,\ \infty)$ で連続である。

一般に，関数 $f(x)$ が定義域内のすべての x の値において連続であるとき，$f(x)$ は **連続関数** であるという。整式で表された関数や分数関数，無理関数，指数関数，対数関数，三角関数などは連続関数である。

関数 $f(x)$，$g(x)$ が $x=a$ で連続であるならば，次の関数も $x=a$ において連続である。

$kf(x)$ （ただし，k は定数）　　$f(x)+g(x)$，$f(x)-g(x)$

$f(x)g(x)$　　$\dfrac{f(x)}{g(x)}$ （ただし，$g(a) \neq 0$）

練習17 次の関数 $f(x)$ が連続である区間をいえ。

(1) $f(x)=\dfrac{1}{x-1}$　(2) $f(x)=\sqrt{2-x}$　(3) $f(x)=\dfrac{1}{x^2-4}$

3 連続関数の性質

関数 $f(x)=\log_2 x$ は開区間 $(0,\ \infty)$ において連続で

$$\lim_{x\to+0} f(x)=-\infty,\quad \lim_{x\to\infty} f(x)=\infty$$

であるから，$f(x)$ はいくらでも大きくなり，いくらでも小さくなる。

よって，この区間では，$f(x)$ の最大値および最小値はない。しかし，関数 $f(x)$ を区間 $[1,\ 4]$ で考えると

$x=4$ で最大値 2

$x=1$ で最小値 0

となり，最大値および最小値をもつ。

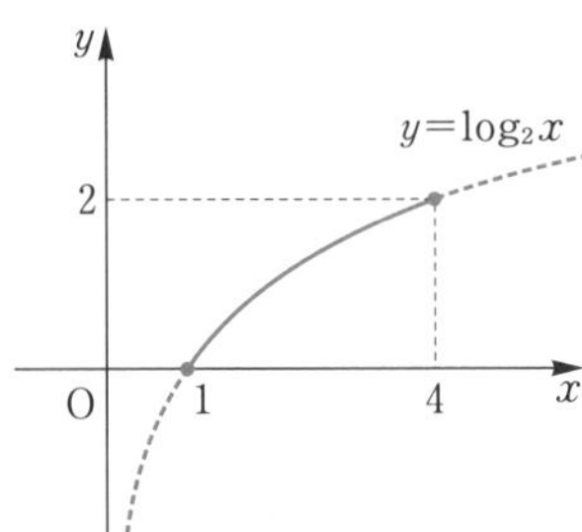

一般に，次のことが成り立つ。

閉区間で連続な関数は，その区間内で最大値および最小値をもつ。

開区間で連続な関数は，その区間内で最大値や最小値をもつことも，もたないこともある。

練習18 次の関数の最大値，最小値について調べよ。もしもつならば，その値を求めよ。

(1) $f(x)=\dfrac{2}{x}$ $[1,\ 4]$　　(2) $f(x)=2^x$ $[-1,\ 3]$

(3) $f(x)=\cos x$ $[0,\ \pi]$　　(4) $f(x)=\sin x$ $(-\pi,\ \pi)$

4 中間値の定理

関数 $f(x)$ が区間 $[a,\ b]$ で連続であるとき，$y=f(x)$ のグラフは，点 $(a,\ f(a))$ から点 $(b,\ f(b))$ まで切れ目なくつながっている。

とくに，$f(a)\neq f(b)$ ならば，$f(a)$ と $f(b)$ の間の任意の値 k に対して

直線 $y=k$ と曲線 $y=f(x)$

は，$a<x<b$ の範囲で共有点を少なくとも 1 つもつ。

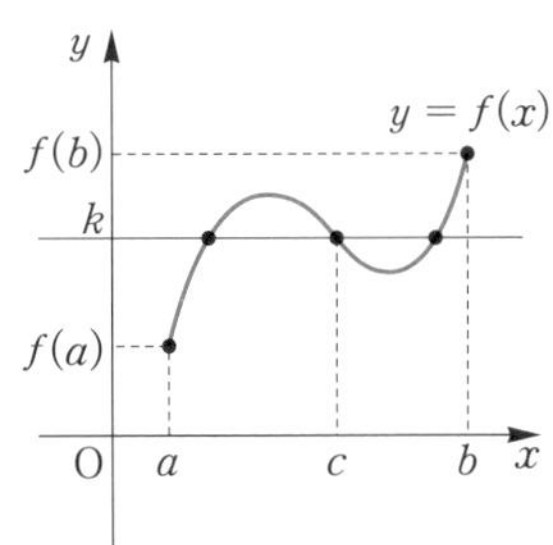

このことから，次の中間値の定理が成り立つ。

中間値の定理

関数 $f(x)$ が区間 $[a,\ b]$ で連続で，$f(a) \neq f(b)$ とする。このとき，$f(a)$ と $f(b)$ の間の任意の値 k に対して

$$\boldsymbol{f(c) = k, \quad a < c < b}$$

となる c が少なくとも1つ存在する。

中間値の定理から，次のことがいえる。

関数 $f(x)$ が区間 $[a,\ b]$ で連続で，$f(a)$ と $f(b)$ が異符号ならば，方程式 $f(x)=0$ は，a と b の間に少なくとも1つの実数解をもつ。

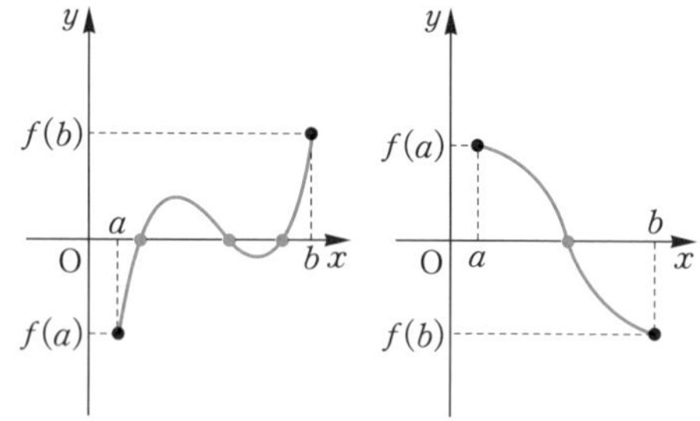

例題 7　方程式 $2^x - 3x = 0$ は，$0 < x < 1$ の範囲に少なくとも1つの実数解をもつことを示せ。

証明　$f(x) = 2^x - 3x$ とおくと，

$f(x)$ は区間 $[0,\ 1]$ で連続であり

$$f(0) = 1 > 0$$

$$f(1) = -1 < 0$$

であるから，方程式 $f(x) = 0$ は，$0 < x < 1$ の範囲に少なくとも1つの実数解をもつ。

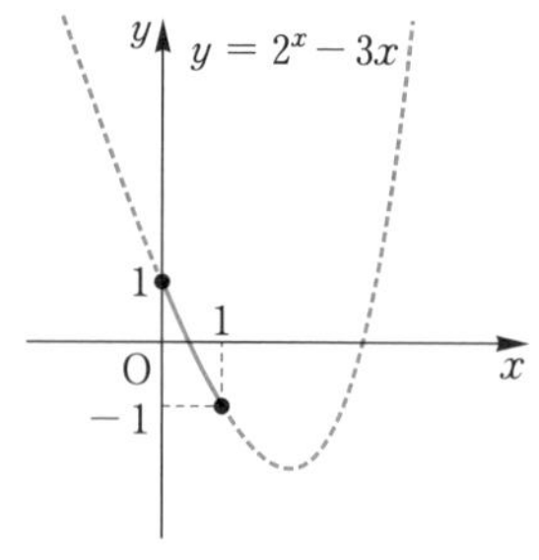

練習19　方程式 $x - \cos x = 0$ は，$0 < x < \dfrac{\pi}{2}$ の範囲に少なくとも1つの実数解をもつことを示せ。

節末問題

1. 次の極限を調べよ。

(1) $\displaystyle\lim_{x\to\infty}\frac{-x^2+4x}{x+3}$　　(2) $\displaystyle\lim_{x\to-1}\frac{x}{|x+1|}$　　(3) $\displaystyle\lim_{x\to-0}2^{\frac{1}{x}}$

2. 次の極限値を求めよ。

(1) $\displaystyle\lim_{x\to1}\frac{x^3-1}{x^2-x}$　　(2) $\displaystyle\lim_{x\to1}\frac{\sqrt{x+2}-\sqrt{3}}{x-1}$

(3) $\displaystyle\lim_{x\to-\infty}(\sqrt{x^2+x}+x)$　　(4) $\displaystyle\lim_{x\to0}\frac{x\sin x}{1-\cos x}$

(5) $\displaystyle\lim_{x\to0}\frac{1-\cos 2x}{x\tan x}$　　(6) $\displaystyle\lim_{x\to-\frac{\pi}{2}}\frac{\sin 2x}{2x+\pi}$

3. 次の極限を求めよ。

(1) $\displaystyle\lim_{x\to-\infty}\frac{2^x-2^{-x}}{2^x+2^{-x}}$　　(2) $\displaystyle\lim_{x\to\infty}\{\log_2(x^2+4)-\log_2 2x^2\}$

4. 次の関数 $f(x)$ が $x=1$ で連続であるように，定数 a の値を定めよ。

$$f(x)=\begin{cases}\dfrac{x^2-1}{x-1} & (x\neq1)\\[2ex] a & (x=1)\end{cases}$$

5. 半径1の円Oの周上に，中心角 θ の弧 AB をとり，A から OB へ垂線 AC を下ろす。このとき，次の極限値を求めよ。ただし，$\overset{\frown}{\mathrm{AB}}$ は弧 AB の長さを表す。

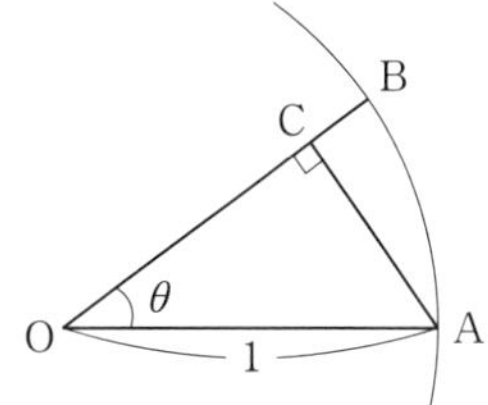

(1) $\displaystyle\lim_{\theta\to+0}\frac{\overset{\frown}{\mathrm{AB}}}{\mathrm{AC}}$

(2) $\displaystyle\lim_{\theta\to+0}\frac{\mathrm{BC}}{\overset{\frown}{\mathrm{AB}}^2}$

6. 方程式 $x+\log_2 x-2=0$ は $1<x<2$ の範囲に少なくとも1つの実数解をもつことを示せ。

◆2◆ 導関数

1 平均変化率と微分係数

1 平均の速さと平均変化率

ボールが右の図のような斜面を転がり落ちるとき，落ち始めてから x 秒後までに転がり落ちた距離を y m とすると

$$y = x^2$$

という関係があった。このとき，落ち始めて 2 秒後から 4 秒後までの平均の速さは

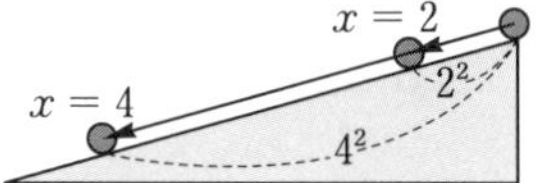

$$\frac{4^2 - 2^2}{4 - 2} = \frac{12}{2} = 6 \ (\text{m/秒})$$

である。

一般に，関数 $y = f(x)$ において，x の値が a から b まで変化するとき，x の変化量 $b - a$ を **x の増分** といい **Δx** で表し，y の変化量 $f(b) - f(a)$ を **y の増分** といい **Δy** で表す。このとき，Δx に対する Δy の割合

$$\boldsymbol{\frac{\Delta y}{\Delta x} = \frac{f(b) - f(a)}{b - a}}$$

を，x の値が a から b まで変化するときの関数 $f(x)$ の **平均変化率** という。

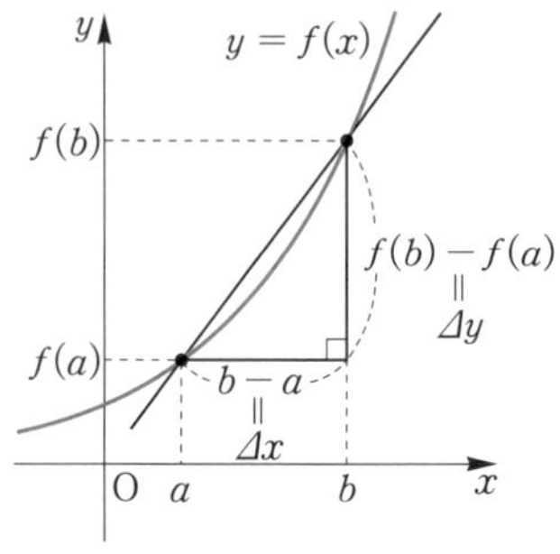

例 1　x の値が -1 から 2 まで変化するときの関数 $f(x) = x^2$ の平均変化率は

$$\frac{f(2) - f(-1)}{2 - (-1)} = \frac{2^2 - (-1)^2}{3} = 1$$

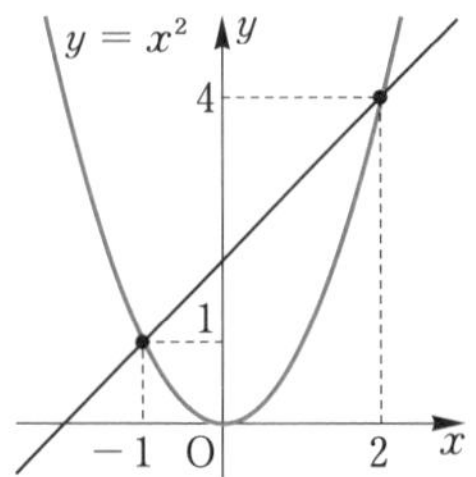

練習 1　関数 $f(x) = x^2$ について，x の値が次のように変化するときの平均変化率を求めよ。

(1)　x が 2 から 5 まで　　(2)　x が -3 から 1 まで

2 瞬間の速さと極限の考え方

前ページのボールが斜面を転がり落ちる運動で，ごく短い時間の平均の速さを考えてみよう。

落ち始めて2秒後から2.1秒後までの平均の速さは，関数 $f(x)=x^2$ において，x の値が2から2.1まで変化するときの $f(x)$ の平均変化率で

$$\frac{f(2.1)-f(2)}{2.1-2}=\frac{2.1^2-2^2}{0.1}=\frac{0.41}{0.1}=4.1\ (\text{m/秒})$$

である。

$h>0$ のとき，2秒後から $(2+h)$ 秒後までの平均の速さ v (m/秒) は

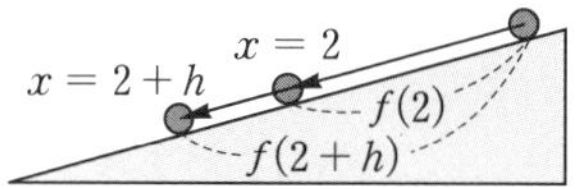

$$v=\frac{f(2+h)-f(2)}{(2+h)-2}$$

$$=\frac{(2+h)^2-2^2}{h}$$

$$=\frac{4h+h^2}{h}$$

$$=4+h\ (\text{m/秒})\quad\cdots\cdots①$$

$h<0$ のときの，$(2+h)$ 秒後から2秒後までの平均の速さ v (m/秒) も，同様に考えて

$$v=4+h\ (\text{m/秒})\quad\cdots\cdots②$$

である。

h	v
-0.1	3.9
-0.01	3.99
-0.001	3.999
↓	↓
0	4
↑	↑
0.001	4.001
0.01	4.01
0.1	4.1

ここで，h が0に近づくときの平均の速さ v の変化のようすを調べると，右の表のようになる。

この表からわかるように，h が0に近づくときの速さは，限りなく4 (m/秒) に近づいていくと考えられる。この値は①，②において $h=0$ としたときの値に等しい。

このようにして求められた4 (m/秒) のことを，落ち始めてから2秒後の **瞬間の速さ** という。

3 微分係数

関数 $f(x)$ において，x の値が a から $b=a+h$ まで変わるときの平均変化率は

$$\frac{\Delta y}{\Delta x}=\frac{f(b)-f(a)}{b-a}=\frac{f(a+h)-f(a)}{(a+h)-a}=\frac{f(a+h)-f(a)}{h}$$

である。

ここで，h が 0 でない値をとりながら 0 に限りなく近づくとき，この平均変化率がある一定の値に限りなく近づくならば，$f(x)$ は $x=a$ で **微分可能** であるという。

また，その極限値を関数 $f(x)$ の $x=a$ における **微分係数** または **変化率** といい，$\boldsymbol{f'(a)}$ で表す。

微分係数

$$f'(a)=\lim_{\Delta x\to 0}\frac{\Delta y}{\Delta x}=\lim_{h\to 0}\frac{f(a+h)-f(a)}{h}$$

なお，$b=a+h$ であるから，$h\to 0$ のとき $b\to a$ である。したがって，微分係数 $f'(a)$ は次のように書くこともできる。

$$f'(a)=\lim_{b\to a}\frac{f(b)-f(a)}{b-a}$$

例2 関数 $f(x)=x^2-2x+3$ について，$x=2$ における微分係数 $f'(2)$ を求めてみよう。

$$\begin{aligned}f(2+h)-f(2)&=\{(2+h)^2-2(2+h)+3\}-(2^2-2\cdot 2+3)\\&=4h+h^2-2h=2h+h^2\end{aligned}$$

であるから
$$\begin{aligned}f'(2)&=\lim_{h\to 0}\frac{f(2+h)-f(2)}{h}\\&=\lim_{h\to 0}\frac{2h+h^2}{h}\\&=\lim_{h\to 0}(2+h)=2\end{aligned}$$

練習2 次の関数 $f(x)$ について，$x=2$ における微分係数 $f'(2)$ を求めよ。

(1) $f(x)=x^2+3x$　　(2) $f(x)=-2x^2+1$

4 微分可能と連続

関数が微分可能であることと連続であることとの関係については，次のことが成り立つ。

微分可能と連続

> 関数 $f(x)$ が $\boldsymbol{x=a}$ **で微分可能ならば** $\boldsymbol{x=a}$ **で連続である。**

証明　関数 $f(x)$ が $x=a$ で微分可能ならば $f'(a)$ が存在するから

$$\lim_{x\to a}\{f(x)-f(a)\}=\lim_{x\to a}\left\{\frac{f(x)-f(a)}{x-a}\times(x-a)\right\}=f'(a)\times 0=0$$

よって　$\displaystyle\lim_{x\to a}f(x)=f(a)$

ゆえに，$f(x)$ は $x=a$ で連続である。　終

この命題の逆は成り立たない。すなわち，関数 $f(x)$ が $x=a$ において連続であっても，$x=a$ において微分可能とは限らない。

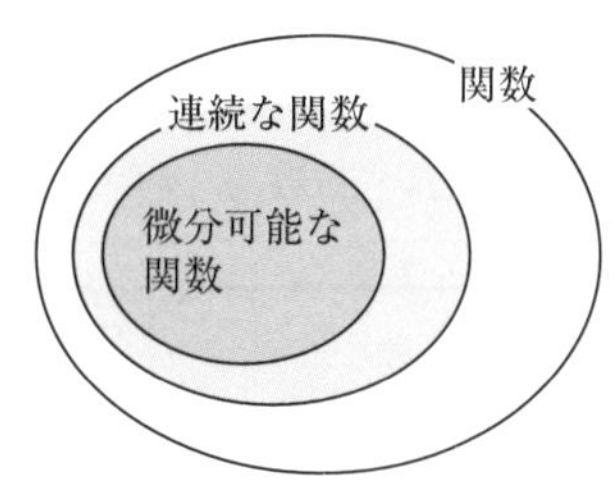

たとえば，関数 $f(x)=|x|$ は

$$\lim_{x\to 0}f(x)=f(0)$$

が成り立つから $x=0$ で連続であるが

$$\lim_{h\to +0}\frac{f(0+h)-f(0)}{h}$$
$$=\lim_{h\to +0}\frac{|h|}{h}=\lim_{h\to +0}\frac{h}{h}=1$$
$$\lim_{h\to -0}\frac{f(0+h)-f(0)}{h}$$
$$=\lim_{h\to -0}\frac{|h|}{h}=\lim_{h\to -0}\frac{-h}{h}=-1$$

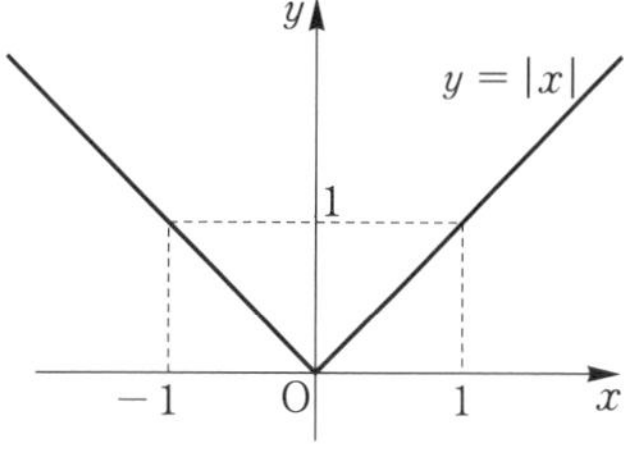

となり $f'(0)$ は存在しない。すなわち，$x=0$ で微分可能ではない。

練習3　関数 $f(x)=|x^2-2x|$ が $x=2$ において微分可能でないことを示せ。

2 導関数

一般に，関数 $f(x)$ が与えられたとき，x の値 a に対して，微分係数 $f'(a)$ を対応させる関数を $f(x)$ の **導関数** といい，記号 $\boldsymbol{f'(x)}$ で表す。

導関数の定義

$$\boldsymbol{f'(x)=\lim_{\Delta x\to 0}\frac{\Delta y}{\Delta x}=\lim_{h\to 0}\frac{f(x+h)-f(x)}{h}}$$

関数 $f(x)$ の導関数 $f'(x)$ を求めることを，$f(x)$ を x について **微分する** という。また，関数 $y=f(x)$ の導関数は，次のような記号で表す。

$$f(x)\xrightarrow{\text{微分する}}f'(x)$$

$$\boldsymbol{y',\quad f'(x),\quad \{f(x)\}',\quad \frac{dy}{dx},\quad \frac{d}{dx}f(x)}$$

例3 (1) 関数 $f(x)=x$ の導関数は

$$f'(x)=\lim_{h\to 0}\frac{(x+h)-x}{h}=\lim_{h\to 0}\frac{h}{h}=1$$

(2) 関数 $f(x)=x^2$ の導関数は

$$f'(x)=\lim_{h\to 0}\frac{(x+h)^2-x^2}{h}=\lim_{h\to 0}\frac{x^2+2xh+h^2-x^2}{h}$$

$$=\lim_{h\to 0}\frac{h(2x+h)}{h}=\lim_{h\to 0}(2x+h)=2x$$

(3) 関数 $f(x)=\sqrt{x}$ の導関数は

$$f'(x)=\lim_{h\to 0}\frac{\sqrt{x+h}-\sqrt{x}}{h}$$

$$=\lim_{h\to 0}\frac{(\sqrt{x+h}-\sqrt{x})(\sqrt{x+h}+\sqrt{x})}{h(\sqrt{x+h}+\sqrt{x})}$$

$$=\lim_{h\to 0}\frac{x+h-x}{h(\sqrt{x+h}+\sqrt{x})}$$

$$=\lim_{h\to 0}\frac{h}{h(\sqrt{x+h}+\sqrt{x})}$$

$$=\lim_{h\to 0}\frac{1}{\sqrt{x+h}+\sqrt{x}}=\frac{1}{2\sqrt{x}}$$

例題 1　関数 $f(x)=x^n$（n は自然数）の導関数を求めよ。

解　$f'(x)=\lim_{h\to 0}\frac{(x+h)^n-x^n}{h}$

$(x+h)^n$ を二項定理を用いて展開すると

$$(x+h)^n={}_n\mathrm{C}_0x^n+{}_n\mathrm{C}_1x^{n-1}h+{}_n\mathrm{C}_2x^{n-2}h^2+\cdots\cdots+{}_n\mathrm{C}_nh^n$$

であるから分子は

$$(x+h)^n-x^n={}_n\mathrm{C}_1x^{n-1}h+{}_n\mathrm{C}_2x^{n-2}h^2+\cdots\cdots+{}_n\mathrm{C}_nh^n$$

よって　$f'(x)=\lim_{h\to 0}\frac{{}_n\mathrm{C}_1x^{n-1}h+{}_n\mathrm{C}_2x^{n-2}h^2+\cdots\cdots+{}_n\mathrm{C}_nh^n}{h}$

$$=\lim_{h\to 0}({}_n\mathrm{C}_1x^{n-1}+{}_n\mathrm{C}_2x^{n-2}h+\cdots\cdots+{}_n\mathrm{C}_nh^{n-1})$$

$$={}_n\mathrm{C}_1x^{n-1}=nx^{n-1}$$

練習4　次の関数の導関数を，定義に従って求めよ。

(1)　$f(x)=x^3$　　　(2)　$f(x)=\frac{1}{x}$

つねに一定の値をとる関数を **定数関数** という。定数関数 $f(x)=c$（c は定数）の導関数は，$f(x+h)=c$ であるから

$$f'(x)=\lim_{h\to 0}\frac{f(x+h)-f(x)}{h}=\lim_{h\to 0}\frac{c-c}{h}=0$$

である。

なお，関数 $y=x^2$ の導関数を $y'=2x$，$(x^2)'=2x$ などと書くこともある。

以上のことから，次の公式が成り立つ。

x^n の導関数

n が自然数のとき　　$(x^n)'=nx^{n-1}$

定数 c について　　$(c)'=0$

関数 $f(x)$, $g(x)$ が微分可能であるとき,

定数倍 $kf(x)$,　和 $f(x)+g(x)$,　差 $f(x)-g(x)$

も微分可能であり，次の公式が成り立つ。

導関数の性質

[1] $\{kf(x)\}'=kf'(x)$　ただし，k は定数

[2] $\{f(x)+g(x)\}'=f'(x)+g'(x)$

[3] $\{f(x)-g(x)\}'=f'(x)-g'(x)$

例題 2　次の関数を微分せよ。

(1) $y=x^3-3x^2+4x-2$　(2) $y=x(x-3)^2$

解 (1) $y'=(x^3-3x^2+4x-2)'$

$=(x^3)'-3(x^2)'+4(x)'-(2)'$

$=3x^2-3\cdot2x+4\cdot1-0$

$=\mathbf{3x^2-6x+4}$

(2) $y'=\{x(x-3)^2\}'$

$=(x^3-6x^2+9x)'$

$=(x^3)'-6(x^2)'+9(x)'$

$=3x^2-6\cdot2x+9\cdot1$

$=\mathbf{3x^2-12x+9}$

練習5　次の関数を微分せよ。

(1) $y=x^2-4x+7$　(2) $y=-3x^2+2x+3$

(3) $y=(2x+5)^2$　(4) $y=(1+3x)(1-3x)$

(5) $y=x^3+\frac{1}{2}x^2+\frac{2}{3}$　(6) $y=-\frac{1}{6}x^3+\frac{3}{4}x^2+5x$

(7) $y=-x(x-3)(2x-1)$　(8) $y=(x-2)^3$

3 関数の積・商の微分法

1 関数の積の微分法

関数 $f(x)$，$g(x)$ が微分可能であるとき，積 $f(x)g(x)$ も微分可能であり，次の公式が成り立つ。

積の微分法

$$\{f(x)g(x)\}' = f'(x)g(x) + f(x)g'(x)$$

証明　$y = f(x)g(x)$ とし，$\Delta x = h$ に対する y の増分を Δy とする。

$$\begin{aligned}\Delta y &= f(x+h)g(x+h) - f(x)g(x)\\ &= f(x+h)g(x+h) - f(x)g(x+h) + f(x)g(x+h) - f(x)g(x)\\ &= \{f(x+h) - f(x)\}g(x+h) + f(x)\{g(x+h) - g(x)\}\end{aligned}$$

であるから

$$\begin{aligned}y' &= \lim_{\Delta x \to 0} \frac{\Delta y}{\Delta x}\\ &= \lim_{h \to 0}\left\{\frac{f(x+h) - f(x)}{h}\cdot g(x+h) + f(x)\cdot\frac{g(x+h) - g(x)}{h}\right\}\end{aligned}$$

ここで，$f(x)$，$g(x)$ は微分可能であるから

$$\lim_{h \to 0}\frac{f(x+h) - f(x)}{h} = f'(x), \quad \lim_{h \to 0}\frac{g(x+h) - g(x)}{h} = g'(x)$$

また，$g(x)$ は連続関数であるから　$\lim_{h \to 0} g(x+h) = g(x)$

よって　$y' = f'(x)g(x) + f(x)g'(x)$　終

例4　関数 $y = (3x+1)(x^2 - x + 2)$ を微分すると

$$\begin{aligned}y' &= (3x+1)'(x^2 - x + 2) + (3x+1)(x^2 - x + 2)'\\ &= 3(x^2 - x + 2) + (3x+1)(2x-1)\\ &= 9x^2 - 4x + 5\end{aligned}$$

練習6　次の関数を微分せよ。

(1)　$y = (x+2)(4x-3)$　　(2)　$y = (x^2+1)(2x-5)$

(3)　$y = (x+1)(x^2 - x + 1)$　　(4)　$y = (x+1)(x+2)(x+3)$

2 関数の商の微分法

関数 $f(x)$，$g(x)$ が微分可能であるとき，次の公式が成り立つ。

商の微分法

$$\left\{\frac{f(x)}{g(x)}\right\}' = \frac{f'(x)g(x)-f(x)g'(x)}{\{g(x)\}^2}$$

$$\left\{\frac{1}{g(x)}\right\}' = -\frac{g'(x)}{\{g(x)\}^2}$$

証明　まず，$\left\{\dfrac{1}{g(x)}\right\}' = -\dfrac{g'(x)}{\{g(x)\}^2}$ を証明しよう。

$y=\dfrac{1}{g(x)}$ とし，$\varDelta x = h$ に対する y の増分を $\varDelta y$ とすると

$$\varDelta y = \frac{1}{g(x+h)} - \frac{1}{g(x)} = -\frac{g(x+h)-g(x)}{g(x+h)g(x)}$$

であるから

$$y' = \lim_{\varDelta x\to 0}\frac{\varDelta y}{\varDelta x} = \lim_{h\to 0}\frac{1}{h}\left\{-\frac{g(x+h)-g(x)}{g(x+h)g(x)}\right\}$$

$$= \lim_{h\to 0}\left\{-\frac{1}{g(x+h)g(x)}\cdot\frac{g(x+h)-g(x)}{h}\right\}$$

ここで，$g(x)$ は微分可能であるから

$$\lim_{h\to 0}\frac{g(x+h)-g(x)}{h} = g'(x)$$

また，$g(x)$ は連続関数であるから

$$\lim_{h\to 0} g(x+h) = g(x)$$

よって　$y' = -\dfrac{g'(x)}{\{g(x)\}^2}$

次に，この結果と積の微分法の公式を用いると

$$\left\{\frac{f(x)}{g(x)}\right\}' = \left\{f(x)\cdot\frac{1}{g(x)}\right\}' = f'(x)\cdot\frac{1}{g(x)} + f(x)\cdot\left\{\frac{1}{g(x)}\right\}'$$

$$= \frac{f'(x)}{g(x)} + f(x)\cdot\frac{-g'(x)}{\{g(x)\}^2}$$

$$= \frac{f'(x)g(x)-f(x)g'(x)}{\{g(x)\}^2}$$

終

例題 3 次の関数を微分せよ。

(1) $y=\dfrac{1}{2x+1}$ (2) $y=\dfrac{3x-1}{x^2+1}$

解 (1) $y'=\left(\dfrac{1}{2x+1}\right)'=-\dfrac{(2x+1)'}{(2x+1)^2}=\boldsymbol{-\dfrac{2}{(2x+1)^2}}$

(2) $y'=\left(\dfrac{3x-1}{x^2+1}\right)'=\dfrac{(3x-1)'(x^2+1)-(3x-1)(x^2+1)'}{(x^2+1)^2}$

$=\dfrac{3(x^2+1)-(3x-1)\cdot 2x}{(x^2+1)^2}=\boldsymbol{\dfrac{-3x^2+2x+3}{(x^2+1)^2}}$

練習7 次の関数を微分せよ。

(1) $y=\dfrac{1}{3x+2}$ (2) $y=\dfrac{x-1}{x^2-3}$ (3) $y=\dfrac{x^2+2}{x^2+1}$

次に，n が負の整数のとき，関数 $y=x^n$ の導関数を求めてみよう。
$n=-m$ とおくと，m は正の整数であり

$$(x^n)'=(x^{-m})'=\left(\frac{1}{x^m}\right)'=-\frac{(x^m)'}{(x^m)^2}=-\frac{mx^{m-1}}{x^{2m}}$$

$$=-mx^{-m-1}=nx^{n-1}$$

すなわち，n が負の整数のときも次のことが成り立つ。

$$(x^n)'=nx^{n-1}$$

また，$n=0$ のときも $(x^0)'=(1)'=0$ であるから，次が成り立つ。

任意の整数 n について $(x^n)'=nx^{n-1}$

例5 $\left(\dfrac{1}{x^3}\right)'=(x^{-3})'=-3x^{-3-1}=-3x^{-4}=-\dfrac{3}{x^4}$

練習8 次の関数を微分せよ。

(1) $y=\dfrac{1}{x}$ (2) $y=\dfrac{3}{x^2}$ (3) $y=-\dfrac{1}{2x^4}$

4 合成関数と逆関数の微分法

1 合成関数の微分法

2つの関数 $y=f(u)$，$u=g(x)$ がそれぞれ微分可能であるとき，合成関数 $y=f(g(x))$ の導関数を求めてみよう。

$u=g(x)$ において，x の増分 Δx に対する u の増分を Δu とし，$y=f(u)$ において，u の増分 Δu に対する y の増分を Δy とする。

このとき

$$\frac{\Delta y}{\Delta x}=\frac{\Delta y}{\Delta u}\cdot\frac{\Delta u}{\Delta x}$$

が成り立つ。ここで

$$\Delta u=g(x+\Delta x)-g(x)$$

であり，$g(x)$ は連続関数であるから，$\Delta x\to 0$ のとき $\Delta u\to 0$ となる。したがって

$$\begin{aligned}\frac{dy}{dx}&=\lim_{\Delta x\to 0}\frac{\Delta y}{\Delta x}\\&=\lim_{\Delta x\to 0}\left(\frac{\Delta y}{\Delta u}\cdot\frac{\Delta u}{\Delta x}\right)\\&=\lim_{\Delta x\to 0}\frac{\Delta y}{\Delta u}\cdot\lim_{\Delta x\to 0}\frac{\Delta u}{\Delta x}\\&=\lim_{\Delta u\to 0}\frac{\Delta y}{\Delta u}\cdot\lim_{\Delta x\to 0}\frac{\Delta u}{\Delta x}\\&=\frac{dy}{du}\cdot\frac{du}{dx}\end{aligned}$$

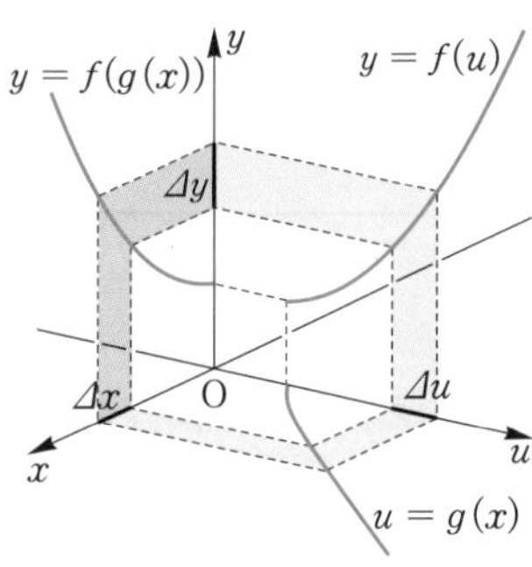

よって，次のことが成り立つ。

合成関数の微分法

$y=f(u)$，$u=g(x)$ がともに微分可能であるとき，合成関数 $y=f(g(x))$ も微分可能であり，その導関数は

$$\boldsymbol{\frac{dy}{dx}=\frac{dy}{du}\cdot\frac{du}{dx}}$$

例題 4 次の関数を微分せよ。

(1) $y=(2x^3-1)^4$　　(2) $y=\dfrac{1}{(x^2+4)^3}$

解 (1) $u=2x^3-1$ とおくと $y=u^4$ であるから

$$\frac{dy}{du}=4u^3,\ \frac{du}{dx}=6x^2$$

よって $\dfrac{dy}{dx}=\dfrac{dy}{du}\cdot\dfrac{du}{dx}=4u^3\times 6x^2=\boldsymbol{24x^2(2x^3-1)^3}$

(2) $u=x^2+4$ とおくと $y=\dfrac{1}{u^3}=u^{-3}$ であるから

$$\frac{dy}{du}=-3u^{-4},\ \frac{du}{dx}=2x$$

よって $\dfrac{dy}{dx}=\dfrac{dy}{du}\cdot\dfrac{du}{dx}=-3u^{-4}\times 2x=\boldsymbol{-\dfrac{6x}{(x^2+4)^4}}$

前ページの合成関数 $y=f(g(x))$ の微分法の公式について $y'=\{f(g(x))\}'$ であり

$$\frac{dy}{du}=f'(u)=f'(g(x)),\qquad \frac{du}{dx}=g'(x)$$

であるから，次のように表すこともできる。

$$\boldsymbol{\{f(g(x))\}'=f'(g(x))g'(x)}$$

このことから，例題 4 の (1) は次のようにして求めてもよい。

$$\{(2x^3-1)^4\}'=4(2x^3-1)^3(2x^3-1)'=24x^2(2x^3-1)^3$$

練習 9 次の関数を微分せよ。

(1) $y=(3x-5)^2$　　(2) $y=(1-2x)^3$　　(3) $y=(x^2+x+1)^4$

(4) $y=\dfrac{1}{(x+1)^3}$　　(5) $y=\left(x+\dfrac{1}{x}\right)^3$　　(6) $y=\left(\dfrac{x-2}{x}\right)^4$

練習 10 次の等式が成り立つことを示せ。

(1) a，b を定数とするとき $\boldsymbol{\{f(ax+b)\}'=af'(ax+b)}$

(2) 任意の整数 n について $\boldsymbol{(\{f(x)\}^n)'=n\{f(x)\}^{n-1}f'(x)}$

2 x^r の導関数

m を整数，n を正の整数として，$x>0$ のとき関数 $y=x^{\frac{m}{n}}$ を合成関数の微分法を用いて微分してみよう。

$y=x^{\frac{m}{n}}$ の両辺を n 乗すると $y^n=(x^{\frac{m}{n}})^n$ より

$$y^n=x^m$$

この両辺を x の関数とみて，x で微分すると

$$\frac{d}{dx}y^n=\frac{d}{dx}x^m \quad \cdots\cdots ①$$

ここで

$$(\text{左辺})=\frac{d}{dx}y^n=\frac{d}{dy}y^n\cdot\frac{dy}{dx}=ny^{n-1}\frac{dy}{dx}$$

$$(\text{右辺})=\frac{d}{dx}x^m=mx^{m-1}$$

であるから，①は　$ny^{n-1}\dfrac{dy}{dx}=mx^{m-1}$

よって

$$\frac{dy}{dx}=\frac{mx^{m-1}}{ny^{n-1}}=\frac{mx^{m-1}}{n\left(x^{\frac{m}{n}}\right)^{n-1}}=\frac{mx^{m-1}}{nx^{m-\frac{m}{n}}}=\frac{m}{n}x^{\frac{m}{n}-1}$$

ところで $\dfrac{m}{n}=r$ とおくと，r は有理数であり次のことが成り立つ。

x^r の導関数

> **r が有理数のとき　$(x^r)'=rx^{r-1}$**

例6 (1) $(\sqrt{x})'=(x^{\frac{1}{2}})'=\dfrac{1}{2}x^{-\frac{1}{2}}=\dfrac{1}{2\sqrt{x}}$

(2) $(\sqrt[3]{x^2+1})'=\{(x^2+1)^{\frac{1}{3}}\}'=\dfrac{1}{3}(x^2+1)^{-\frac{2}{3}}(x^2+1)'$

$$=\frac{1}{3}(x^2+1)^{-\frac{2}{3}}\cdot 2x=\frac{2x}{3\sqrt[3]{(x^2+1)^2}}$$

練習11　次の関数を微分せよ。

(1) $y=x^{\frac{2}{3}}$　　(2) $y=\sqrt{x^2+x+1}$　　(3) $y=\sqrt[4]{2x+1}$

3 逆関数の微分法

関数 $f(x)$ が微分可能であるとき，逆関数 $f^{-1}(x)$ の導関数を求めてみよう。

$$y=f^{-1}(x) \quad \text{とおくと} \quad x=f(y)$$

であるから，$x=f(y)$ の両辺を x で微分すると

$$\frac{d}{dx}x=\frac{d}{dx}f(y)$$

ここで

$$(\text{左辺})=\frac{d}{dx}x=1$$

$$(\text{右辺})=\frac{d}{dx}f(y)=\frac{d}{dy}f(y)\cdot\frac{dy}{dx}=\frac{dx}{dy}\cdot\frac{dy}{dx}$$

したがって

$$1=\frac{dx}{dy}\cdot\frac{dy}{dx} \quad \text{すなわち} \quad \frac{dx}{dy}\cdot\frac{dy}{dx}=1$$

となる。

よって，次のことが成り立つ。

逆関数の微分法

$$\frac{dx}{dy}\neq 0 \text{ のとき} \qquad \boldsymbol{\frac{dy}{dx}=\frac{1}{\frac{dx}{dy}}}$$

例7 $y=\sqrt[3]{x}$ の導関数を逆関数の微分法を用いて求めてみよう。

$y=\sqrt[3]{x}$ より $x=y^3$ であるから

$$\frac{dx}{dy}=3y^2$$

よって $\dfrac{dy}{dx}=\dfrac{1}{\frac{dx}{dy}}=\dfrac{1}{3y^2}=\dfrac{1}{3\sqrt[3]{x^2}}$

練習12 $y=\sqrt[4]{x}$ の導関数を逆関数の微分法を用いて求めよ。

5 三角関数の導関数

1 三角関数の導関数

関数 $y=\sin x$ の導関数を求めてみよう。

$$y'=\lim_{h\to 0}\frac{\sin(x+h)-\sin x}{h}$$

$$=\lim_{h\to 0}\frac{2\cos\left(x+\frac{h}{2}\right)\sin\frac{h}{2}}{h}$$ ←― 和積の公式より

$$=\lim_{h\to 0}\left\{\cos\left(x+\frac{h}{2}\right)\cdot\frac{\sin\frac{h}{2}}{\frac{h}{2}}\right\}$$

$$=(\cos x)\times 1=\cos x$$

$\lim_{x\to 0}\frac{\sin x}{x}=1$ より

$\lim_{h\to 0}\frac{\sin\frac{h}{2}}{\frac{h}{2}}=1$

すなわち　$\boldsymbol{(\sin x)'=\cos x}$

次に，$y=\cos x$ の導関数は，$\cos x=\sin\left(x+\frac{\pi}{2}\right)$ であるから，合成関数の微分法を用いると

$$y'=(\cos x)'=\left\{\sin\left(x+\frac{\pi}{2}\right)\right\}'$$

$$=\left\{\cos\left(x+\frac{\pi}{2}\right)\right\}\left(x+\frac{\pi}{2}\right)'$$

$$=-\sin x\times 1=-\sin x$$

$\cos x=\sin\left(x+\frac{\pi}{2}\right)$

$\cos\left(x+\frac{\pi}{2}\right)=-\sin x$

すなわち　$\boldsymbol{(\cos x)'=-\sin x}$

さらに，$y=\tan x$ の導関数を求めよう。$\tan x=\frac{\sin x}{\cos x}$ であるから，商の微分法を用いると

$$y'=(\tan x)'=\left(\frac{\sin x}{\cos x}\right)'=\frac{(\sin x)'\cos x-\sin x(\cos x)'}{\cos^2 x}$$

$$=\frac{\cos^2 x+\sin^2 x}{\cos^2 x}=\frac{1}{\cos^2 x}$$

すなわち　$\boldsymbol{(\tan x)'=\frac{1}{\cos^2 x}}$

まとめると，次のようになる。

三角関数の導関数

$$(\sin x)' = \cos x \qquad (\cos x)' = -\sin x \qquad (\tan x)' = \frac{1}{\cos^2 x}$$

例題 5 次の関数を微分せよ。

(1) $y = x\sin x + \cos x$　　(2) $y = \sin(2x+1)$

(3) $y = \sin^3 x$　　(4) $y = \dfrac{1}{\tan x}$

解 (1) $y' = (x\sin x)' + (\cos x)'$

$= (x)' \cdot \sin x + x(\sin x)' - \sin x$

$= 1 \cdot \sin x + x\cos x - \sin x$

$= \boldsymbol{x\cos x}$

(2) $y' = \{\cos(2x+1)\} \cdot (2x+1)'$

$= \boldsymbol{2\cos(2x+1)}$

(3) $y' = (3\sin^2 x) \cdot (\sin x)'$

$= (3\sin^2 x) \cdot \cos x$

$= \boldsymbol{3\sin^2 x\cos x}$

(4) $y' = -\dfrac{(\tan x)'}{\tan^2 x}$

$= -\dfrac{1}{\cos^2 x} \cdot \dfrac{1}{\tan^2 x}$

$= -\dfrac{1}{\cos^2 x} \cdot \dfrac{\cos^2 x}{\sin^2 x} = \boldsymbol{-\dfrac{1}{\sin^2 x}}$

練習13 次の関数を微分せよ。

(1) $y = x\cos x - \sin x$　　(2) $y = \sin 3x$　　(3) $y = \cos(1-x)$

(4) $y = \tan 2x$　　(5) $y = \cos^3 2x$　　(6) $y = \tan^2 3x$

(7) $y = \sqrt{1-\cos x}$　　(8) $y = \dfrac{1}{1+\sin 2x}$　　(9) $y = \dfrac{\sin x}{x}$

2 逆三角関数の導関数

逆三角関数の導関数を求めてみよう。

関数 $y = \mathrm{Sin}^{-1}x \left(-1 < x < 1,\ -\dfrac{\pi}{2} < y < \dfrac{\pi}{2}\right)$ の導関数を求めるには，$x = \sin y$ であるから，合成関数の微分法を用いて両辺を x で微分すると

$$1 = \frac{d}{dx}(\sin y) = \cos y \frac{dy}{dx}$$

したがって

$$\frac{dy}{dx} = \frac{1}{\cos y}$$

ここで，$-\dfrac{\pi}{2} < y < \dfrac{\pi}{2}$ だから $\cos y \geqq 0$ であり

$$\begin{aligned}\cos y &= \sqrt{1-\sin^2 y}\\ &= \sqrt{1-x^2}\end{aligned}$$

よって

$$\frac{dy}{dx} = \frac{1}{\sqrt{1-x^2}}$$

また，この関数は，逆関数の微分法を用いて，次のように求めることもできる。

$x = \sin y$ の両辺を y で微分して

$$\frac{dx}{dy} = \cos y$$

であるから，逆関数の微分法を用いて

$$\frac{dy}{dx} = \frac{1}{\dfrac{dx}{dy}} = \frac{1}{\cos y}$$

以下，上の例と同様に求めることができる。

練習14 関数 $y = \mathrm{Cos}^{-1}x$ $(-1 < x < 1,\ 0 < y < \pi)$ の導関数を次の方法で求めよ。

(1) 合成関数の微分法を用いる。

(2) 逆関数の微分法を用いる。

関数 $y=\mathrm{Tan}^{-1}x$ の導関数を，逆関数の微分法を用いて求めてみよう。

$x=\tan y$ であるから，両辺を y で微分して

$$\frac{dx}{dy}=\frac{1}{\cos^2 y}=1+\tan^2 y$$

よって

$$\frac{dy}{dx}=\frac{1}{\frac{dx}{dy}}=\frac{1}{1+\tan^2 y}=\frac{1}{1+x^2}$$

次の公式が得られる。

逆三角関数の導関数

$$(\mathrm{Sin}^{-1}x)'=\frac{1}{\sqrt{1-x^2}} \qquad (\mathrm{Cos}^{-1}x)'=-\frac{1}{\sqrt{1-x^2}}$$

$$(\mathrm{Tan}^{-1}x)'=\frac{1}{1+x^2}$$

例題 6 関数 $y=\mathrm{Sin}^{-1}\dfrac{1}{x}$ $(x>1)$ を微分せよ。

解 $\dfrac{1}{x}=u$ とおくと，$y=\mathrm{Sin}^{-1}u$ となるから

$$\begin{aligned}\frac{dy}{dx}&=\frac{dy}{du}\cdot\frac{du}{dx}\\&=\frac{1}{\sqrt{1-u^2}}\cdot\left(\frac{1}{x}\right)'\\&=\frac{1}{\sqrt{1-\left(\frac{1}{x}\right)^2}}\cdot\left(-\frac{1}{x^2}\right)=-\frac{1}{x\sqrt{x^2-1}}\end{aligned}$$

練習15 次の関数を微分せよ。

(1) $y=\mathrm{Cos}^{-1}\dfrac{1}{x}$ $(x>1)$ (2) $y=\mathrm{Tan}^{-1}\dfrac{1}{x}$

(3) $y=\mathrm{Sin}^{-1}\sqrt{x}$ $(0<x<1)$

6 対数関数と指数関数の導関数

1 対数関数の導関数

対数関数 $y=\log_a x$ の導関数を求めてみよう。

$$y'=(\log_a x)'=\lim_{h\to 0}\frac{\log_a(x+h)-\log_a x}{h}$$

$$=\lim_{h\to 0}\frac{1}{h}\log_a\frac{x+h}{x}=\lim_{h\to 0}\frac{1}{h}\log_a\left(1+\frac{h}{x}\right)$$

ここで，$\dfrac{h}{x}=t$ とおくと $h=tx$ であり，$h\to 0$ のとき $t\to 0$ であるから

$$(\log_a x)'=\lim_{t\to 0}\frac{1}{tx}\log_a(1+t)=\frac{1}{x}\lim_{t\to 0}\log_a(1+t)^{\frac{1}{t}}$$

となる。

ここで，t が限りなく 0 に近づくとき，$(1+t)^{\frac{1}{t}}$ の値はある一定の値に限りなく近づく。この極限値を $\boldsymbol{e}$ で表す。すなわち

$$\boldsymbol{\lim_{t\to 0}(1+t)^{\frac{1}{t}}=e}$$

である。この e は無理数で

$$e=2.7182818284590\cdots\cdots$$

であることが知られている。

t	$(1+t)^{\frac{1}{t}}$
0.1	2.59374⋯
0.01	2.70481⋯
0.001	2.71692⋯
0.0001	2.71814⋯
↓	↓
0	e
↑	↑
−0.0001	2.71841⋯
−0.001	2.71964⋯
−0.01	2.73199⋯
−0.1	2.86797⋯

この正の定数 e を用いると

$$(\log_a x)'=\frac{1}{x}\lim_{t\to 0}\log_a(1+t)^{\frac{1}{t}}$$

$$=\frac{1}{x}\log_a e$$

となる。ここで，対数の底の変換公式から

$\log_a e=\dfrac{1}{\log_e a}$ であるから

$$(\log_a x)'=\frac{1}{x\log_e a}$$

とくに，$a=e$ のときは $\log_e a=\log_e e=1$ であるから

$$(\log_e x)'=\frac{1}{x}$$

微分法や積分法では，e を底とする対数を用いることが多い。e を底とする対数を **自然対数** といい，e を **自然対数の底** という。自然対数 $\log_e x$ は，底を省略して $\boldsymbol{\log x}$ とかくことが多い。

以上のことから，次の公式が得られる。

対数関数の導関数

$$(\log x)'=\frac{1}{x} \qquad (\log_a x)'=\frac{1}{x\log a}$$

注意　自然対数 $\log x$ を $\ln x$ と表すこともある。

例8　(1)　$\{\log(2x+1)\}'=\dfrac{1}{2x+1}\cdot(2x+1)'=\dfrac{2}{2x+1}$

(2)　$(x\log x)'=(x)'\log x+x(\log x)'$

$$=1\cdot\log x+x\cdot\frac{1}{x}=\log x+1$$

(3)　$(\log_2 x)'=\dfrac{1}{x\log 2}$

練習16　次の関数を微分せよ。

(1)　$y=\log 3x$　(2)　$y=\log(2-3x)$　(3)　$y=\log_{10}x$

(4)　$y=x^2\log x$　(5)　$y=(\log x)^2$　(6)　$y=\dfrac{1}{\log x}$

次に，関数 $y=\log|x|$ の導関数を求めてみよう。

$x>0$ のとき　$(\log|x|)'=(\log x)'=\dfrac{1}{x}$

$x<0$ のとき　$(\log|x|)'=\{\log(-x)\}'=\dfrac{1}{-x}\cdot(-x)'=\dfrac{1}{x}$

であるから，次のことが成り立つ。

$$(\log|x|)'=\frac{1}{x}$$

2 対数微分法

$y=\log|f(x)|$ の導関数は，$u=f(x)$ とおくと合成関数の微分法により

$$y'=\frac{dy}{dx}=\frac{dy}{du}\cdot\frac{du}{dx}=\frac{1}{u}\cdot f'(x)=\frac{f'(x)}{f(x)}$$

$y=\log|u|$
$u=f(x)$

すなわち，次の等式が成り立つ。

$$\boldsymbol{(\log|f(x)|)'=\frac{f'(x)}{f(x)}}$$

例9 $(\log|x^2-1|)'=\dfrac{(x^2-1)'}{x^2-1}=\dfrac{2x}{x^2-1}$

練習17 次の関数を微分せよ。

(1) $y=\log|3x+1|$　(2) $y=\log|x^2-3x+2|$　(3) $y=\log|\sin x|$

例題7 関数 $y=\dfrac{x(x-3)^2}{(x-2)^3}$ の導関数を求めよ。

解 両辺の絶対値の自然対数をとると

$$\log|y|=\log|x|+2\log|x-3|-3\log|x-2|$$

両辺を x で微分すると

$(\log|y|)'=\dfrac{y'}{y}$

$$\frac{y'}{y}=\frac{1}{x}+\frac{2}{x-3}-\frac{3}{x-2}=\frac{6}{x(x-2)(x-3)}$$

よって　$y'=\dfrac{6}{x(x-2)(x-3)}\cdot\dfrac{x(x-3)^2}{(x-2)^3}$

$$=\boldsymbol{\frac{6(x-3)}{(x-2)^4}}$$

例題7の解のように，両辺の自然対数をとり，その両辺を微分することにより導関数を求める方法を **対数微分法** という。

練習18 関数 $y=\dfrac{(x+1)(x-2)^2}{(x-1)^3}$ の導関数を対数微分法を用いて求めよ。

練習19 $x>0$，α を実数の定数とするとき，$\boldsymbol{(x^{\alpha})'=\alpha x^{\alpha-1}}$ を示せ。

3 指数関数の導関数

指数関数 $y=a^x$ の導関数を対数微分法を用いて求めてみよう。

$y=a^x$ の両辺の自然対数をとると

$$\log y = x\log a$$

この両辺を x で微分すると

$$\frac{y'}{y} = \log a$$

$(\log y)' = \dfrac{y'}{y}$

よって　$y' = y\log a = a^x\log a$

すなわち

$$(a^x)' = a^x\log a$$

となる。

とくに，$a=e$ のとき

$$(e^x)' = e^x\log e = e^x$$

$\log e = \log_e e = 1$

である。

指数関数の導関数

$$(e^x)' = e^x \qquad (a^x)' = a^x\log a$$

例10 (1)　$(e^{3x})' = e^{3x}\cdot(3x)' = 3e^{3x}$

(2)　$(a^{2x+1})' = a^{2x+1}\log a\cdot(2x+1)' = 2a^{2x+1}\log a$

(3)　$(x^2e^x)' = (x^2)'e^x + x^2(e^x)'$

$= 2xe^x + x^2e^x = x(x+2)e^x$

練習20　次の関数を微分せよ。

(1)　$y=e^{2x}$　　(2)　$y=(x+1)e^{-x}$

(3)　$y=3^{x+2}$　　(4)　$y=xa^{3x}$　$(a>0,\ a\neq 1)$

練習21　次の関数を微分せよ。

(1)　$y=e^x\log x$　　(2)　$y=e^{-x}\sin x$

(3)　$y=e^{\sin x}$　　(4)　$y=e^{\frac{1}{x}}$

7 高次導関数

関数 $f(x)$ の導関数 $f'(x)$ が微分可能であるとき，$f'(x)$ の導関数を $f(x)$ の **第2次導関数** という。

$y=f(x)$ の第2次導関数は，次のような記号で表す。

$$y'',\quad f''(x),\quad \frac{d^2y}{dx^2},\quad \frac{d^2}{dx^2}f(x)$$

なお，$f'(x)$ を $f(x)$ の第1次導関数ということがある。

例11 (1) $y=x^3+2x^2-3x+1$ のとき

$y'=3x^2+4x-3$ 　よって　$y''=6x+4$

(2) $y=\sin x$ のとき

$y'=\cos x$ 　よって　$y''=-\sin x$

練習22 次の関数の第2次導関数を求めよ。

(1) $y=x^4-3x^2+2$ 　(2) $y=\log x$ 　(3) $y=xe^{2x}$

関数 $f(x)$ の第2次導関数 $f''(x)$ が微分可能であるとき，$f''(x)$ の導関数を $f(x)$ の **第3次導関数** という。

$y=f(x)$ の第3次導関数は，次のような記号で表す。

$$y''',\quad f'''(x),\quad \frac{d^3y}{dx^3},\quad \frac{d^3}{dx^3}f(x)$$

練習23 次の関数の第3次導関数を求めよ。

(1) $y=x^3$ 　(2) $y=e^x$ 　(3) $y=\cos x$

一般に，関数 $f(x)$ を n 回微分して得られる関数を，$f(x)$ の **第 n 次導関数** という。

$y=f(x)$ の第 n 次導関数は，次のような記号で表す。

$$y^{(n)},\quad f^{(n)}(x),\quad \frac{d^ny}{dx^n},\quad \frac{d^n}{dx^n}f(x)$$

なお，$y^{(2)}$，$y^{(3)}$ などは，それぞれ y''，y''' と同じものである。また，第2次以上の導関数を **高次導関数** という。

例12 関数 $y=xe^x$ について

$$y'=e^x+xe^x=(x+1)e^x$$
$$y''=e^x+(x+1)e^x=(x+2)e^x$$
$$y'''=e^x+(x+2)e^x=(x+3)e^x$$
$$y^{(4)}=e^x+(x+3)e^x=(x+4)e^x$$
$$\cdots\cdots$$

であるから，$y^{(n)}=(x+n)e^x$

練習24 関数 $y=\log|x|$ の第 n 次導関数を求めよ。

例題 8 $y=e^x\sin x$ は，次の等式を満たすことを示せ。

$$y''-2y'+2y=0$$

証明 $y=e^x\sin x$ から

$$y'=e^x\sin x+e^x\cos x=e^x(\sin x+\cos x)$$
$$y''=e^x(\sin x+\cos x)+e^x(\cos x-\sin x)=2e^x\cos x$$

よって　$y''-2y'+2y$

$$=2e^x\cos x-2e^x(\sin x+\cos x)+2e^x\sin x$$
$$=2e^x(\cos x-\sin x-\cos x+\sin x)=0$$

終

練習25 $y=e^x\cos x$ は，次の等式を満たすことを示せ。

$$y''-2y'+2y=0$$

研究 ライプニッツの公式

関数 $f(x)$，$g(x)$ が n 回微分可能ならば，次のライプニッツの定理が成り立つ。

$$\begin{aligned}(f(x)g(x))^{(n)}&={}_n\mathrm{C}_0f^{(n)}(x)g(x)+{}_n\mathrm{C}_1f^{(n-1)}(x)g'(x)+\cdots\cdots\\&\quad+{}_n\mathrm{C}_rf^{(n-r)}(x)g^{(r)}(x)+\cdots\cdots\\&\quad+{}_n\mathrm{C}_{n-1}f'(x)g^{(n-1)}(x)+{}_n\mathrm{C}_nf(x)g^{(n)}(x)\\&=\sum_{k=0}^{n}{}_n\mathrm{C}_kf^{(n-k)}(x)g^{(k)}(x)\end{aligned}$$

節末問題

1. 関数 $f(x)=x^2+x$ について，次の値を求めよ。

(1) $x=1$ から $x=3$ までの平均変化率

(2) $x=2$ から $x=2+h$ までの平均変化率

(3) $x=2$ における微分係数

2. 次の関数を定義にしたがって微分せよ。

(1) $f(x)=x^3-2x$　　(2) $f(x)=\sqrt{x}$

3. $f(x)=e^x$ について，

$$\lim_{h\to 0}\frac{f(a+h)-f(a-h)}{h}$$

を求めよ。

4. 次の条件を満たす2次関数 $f(x)$ を求めよ。

$$f(1)=0,\quad f'(1)=1,\quad f'(2)=3$$

5. 次の関数を［　］内の文字について微分せよ。ただし，a，b，π は定数とする。

(1) $V=\dfrac{4}{3}\pi r^3$　$[r]$　　(2) $s=t^3+at^2+b$　$[t]$

6. 次の関数を微分せよ。

(1) $y=x^3(x+4)^3$　　(2) $y=(2x^3-6x+3)^2$

(3) $y=\dfrac{1}{x+3}$　　(4) $y=\dfrac{1+x^2}{1-x^2}$

(5) $y=\sqrt{4x+3}$　　(6) $y=(3x-2)^{\frac{2}{3}}$

7. 次の関数の導関数を対数微分法を用いて求めよ。

(1) $y=\sqrt{\dfrac{x^2+1}{2x+1}}$　　(2) $y=x^x$　$(x>0)$

8. 次の関数を微分せよ。ただし，a は 0 でない定数とする。

(1) $y=\dfrac{\cos x}{1+\sin x}$ (2) $y=\dfrac{1-\tan x}{1+\tan x}$

(3) $y=xe^{\frac{1}{x}}$ (4) $y=\dfrac{e^x-e^{-x}}{e^x+e^{-x}}$

(5) $y=2^{\log x}$ (6) $y=e^{-x}\cos x$

(7) $y=\log(x+\sqrt{x^2+a})$ (8) $y=\log\left|\dfrac{x-a}{x+a}\right|$

9. 次の方程式について，両辺を x で微分することにより，$\dfrac{dy}{dx}$ を x と y の式で表せ。

(1) $x^2-xy+y^2=1$ (2) $\sqrt{x}+\sqrt{y}=1$

10. 関数 $y=A\cos kx+B\sin kx$ は，次の等式を満たすことを示せ。ただし，A，B，k は定数とする。

$$y''+k^2y=0$$

11. 次の関数の第 n 次導関数を求めよ。

(1) $y=e^x+e^{-x}$ (2) $y=\dfrac{1}{x}$

12. 関数 $y=\sin x$ の第 n 次導関数は，$y^{(n)}=\sin\left(x+\dfrac{n\pi}{2}\right)$ であることを数学的帰納法を用いて証明せよ。

13. n を自然数とし，$x\neq 1$ のとき，次の問いに答えよ。

(1) $1+x+x^2+x^3+\cdots\cdots+x^n$ の和を求めよ。

(2) (1)を利用して，$1+2x+3x^2+\cdots\cdots+nx^{n-1}$ の和を求めよ。

◆3◆ 導関数の応用

1 導関数と関数の増減

1 微分係数の図形的意味

関数 $f(x)$ の $x=a$ における微分係数 $f'(a)$ が，$y=f(x)$ のグラフ上でどのような図形的意味をもつか考えてみよう。

x が a から $a+h$ まで変化するときの関数 $f(x)$ の平均変化率

$$\frac{f(a+h)-f(a)}{h}$$

は，$y=f(x)$ のグラフ上の 2 点

$\mathrm{A}(a,\ f(a))$,

$\mathrm{B}(a+h,\ f(a+h))$

を通る直線 AB の傾きを表している。

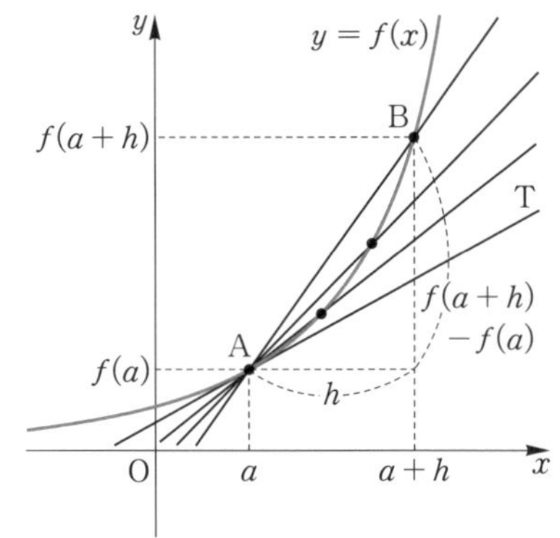

ここで，h を 0 に近づけると，点 B は曲線 $y=f(x)$ 上を動きながら点 A に近づく。このとき

$$\lim_{h\to 0}\frac{f(a+h)-f(a)}{h}=f'(a)$$

であるから，h が限りなく 0 に近づくとき，直線 AB の傾きは限りなく $f'(a)$ に近づく。

すなわち，直線 AB は点 A を通り，傾き $f'(a)$ の図のような直線 AT に限りなく近づく。

この直線 AT を点 A における曲線 $y=f(x)$ の **接線** といい，点 A を **接点** という。

したがって，次のことがいえる。

微分係数と接線の傾き

関数 $f(x)$ の $x=a$ における微分係数 $f'(a)$ は曲線 $y=f(x)$ 上の点 $(a,\ f(a))$ における接線の傾きを表す。

2 接線の方程式

微分係数の図形的意味から，曲線 $y=f(x)$ 上の点 $(a,\ f(a))$ における接線の傾きは $f'(a)$ である。したがって，接線は点 $(a,\ f(a))$ を通り，傾き $f'(a)$ の直線であるから，接線の方程式は次のようになる。

接線の方程式

曲線 $y=f(x)$ 上の点 $(a,\ f(a))$ における接線の方程式は

$$\boldsymbol{y-f(a)=f'(a)(x-a)}$$

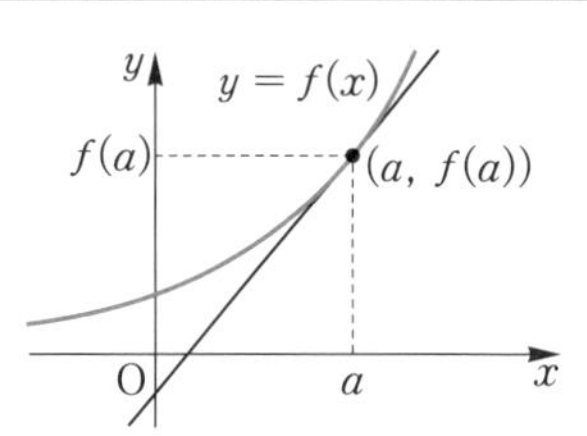

例題 1 $f(x)=x^3$ のとき，曲線 $y=f(x)$ 上の点 $(2,\ 8)$ における接線について，次の問いに答えよ。

(1) 接線の傾きを求めよ。　　(2) 接線の方程式を求めよ。

解 (1) $f(x)=x^3$ より　$f'(x)=3x^2$

よって，接線の傾きは

$$f'(2)=\mathbf{12}$$

(2) 求める接線は点 $(2,\ 8)$ を通り傾きが 12 であるから

$$y-8=12(x-2)$$

すなわち

$$\boldsymbol{y=12x-16}$$

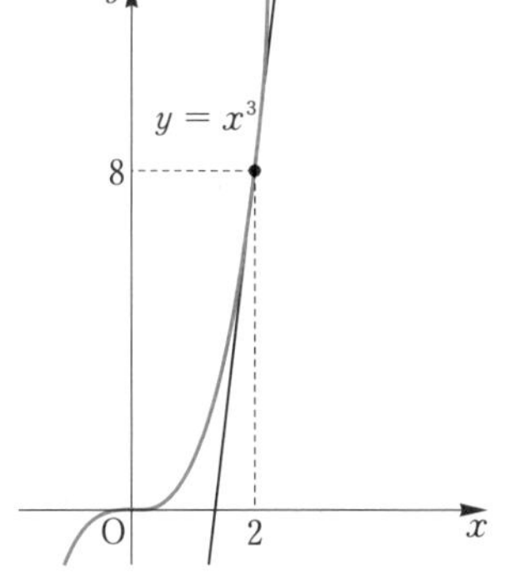

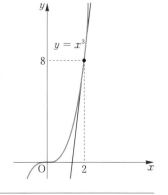

練習1 次の曲線上の点 P における接線の方程式を求めよ。

(1) $y=x^2$，$\mathrm{P}(2,\ 4)$　　(2) $y=-x^3$，$\mathrm{P}(-1,\ 1)$

(3) $y=\sqrt{x}$，$\mathrm{P}(1,\ 1)$　　(4) $y=\dfrac{1}{x}$，$\mathrm{P}\left(2,\ \dfrac{1}{2}\right)$

(5) $y=e^x$，$\mathrm{P}(0,\ 1)$　　(6) $y=\log x$，$\mathrm{P}(1,\ 0)$

3 平均値の定理

関数 $f(x)$ が閉区間 $[a,\ b]$ で連続，開区間 $(a,\ b)$ で微分可能であるとき，右の図のように，曲線 $y=f(x)$ 上の 2 点 $\mathrm{A}(a,\ f(a))$，$\mathrm{B}(b,\ f(b))$ の間で，直線 AB に平行な接線が少なくとも 1 本引ける。

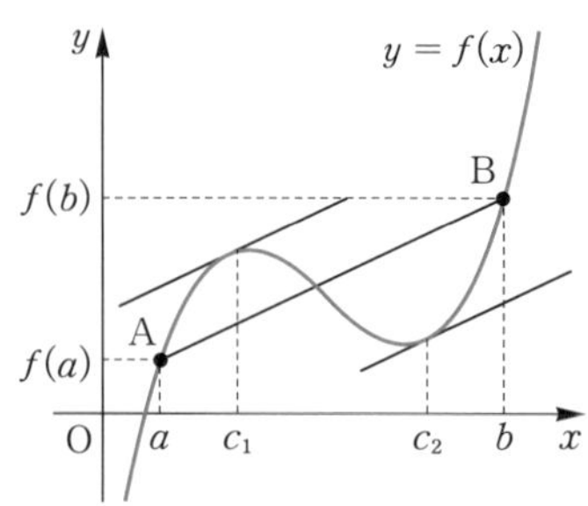

一般に，次の **平均値の定理** が成り立つ。

平均値の定理

関数 $f(x)$ が閉区間 $[a,\ b]$ で連続，開区間 $(a,\ b)$ で微分可能であるとき

$$\frac{f(b)-f(a)}{b-a}=f'(c),\quad a<c<b$$

を満たす c が，少なくとも 1 つ存在する。

練習2 次の関数 $f(x)$ と示された区間において，平均値の定理の式を満たす c の値を求めよ。

(1) $f(x)=x^3$，$[-3,\ 3]$　　(2) $f(x)=\log x$，$[1,\ e]$

平均値の定理において，関数 $f(x)$ は閉区間 $[a,\ b]$ で連続であればよく，端点で微分可能でなくても成り立つ。

たとえば，関数 $f(x)=\sqrt{x}$ は，閉区間 $[0,\ 4]$ で連続であるが，$x=0$ では微分可能ではない。しかし，$x>0$ で $f'(x)=\dfrac{1}{2\sqrt{x}}$ より

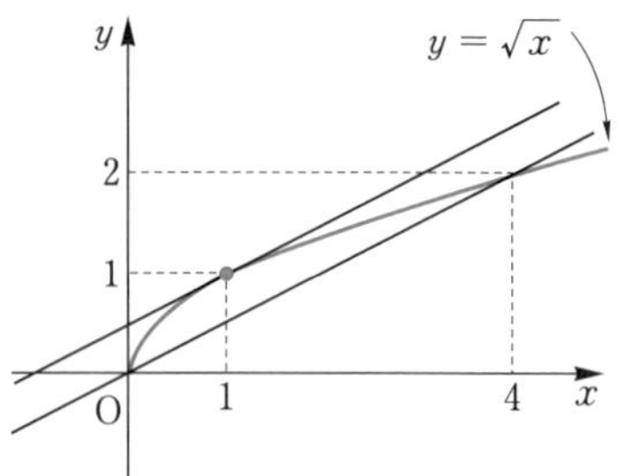

$$\frac{f(4)-f(0)}{4-0}=\frac{1}{2}=f'(1)$$

となり，平均値の定理を満たす $c=1$ が存在する。

また，関数 $f(x)$ が開区間 $(a,\ b)$ で連続であっても微分可能でない点があるときは，平均値の定理は一般には成り立たない。

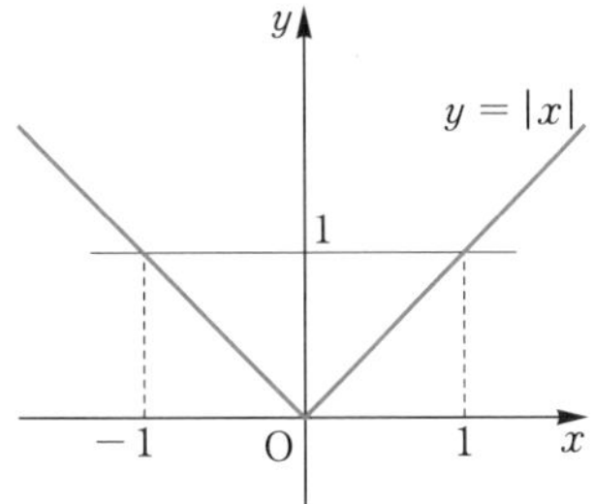

たとえば，関数 $f(x)=|x|$ は閉区間 $[-1,\ 1]$ で連続であるが，開区間 $(-1,\ 1)$ の $x=0$ では微分可能ではない。

このとき

$$\frac{f(1)-f(-1)}{1-(-1)}=0$$

であり，$f'(c)=0$，$-1<c<1$ を満たす c は存在しない。

例題 2　$a>0$ のとき，次の不等式を平均値の定理を用いて証明せよ。

$$\frac{1}{a+1}<\log(a+1)-\log a<\frac{1}{a}$$

証明　関数 $f(x)=\log x$ は $x>0$ で微分可能で　$f'(x)=\dfrac{1}{x}$

区間 $[a,\ a+1]$ において，平均値の定理から

$$\frac{\log(a+1)-\log a}{(a+1)-a}=\frac{1}{c},\quad a<c<a+1$$

となる c が存在する。これより

$$\log(a+1)-\log a=\frac{1}{c}$$

ここで，$0<a<c<a+1$ から

$$\frac{1}{a+1}<\frac{1}{c}<\frac{1}{a}$$

よって

$$\frac{1}{a+1}<\log(a+1)-\log a<\frac{1}{a}$$

終

練習 3　$a<b$ のとき，次の不等式を平均値の定理を用いて証明せよ。

$$e^a<\frac{e^b-e^a}{b-a}<e^b$$

4 関数の値の増加・減少

関数 $f(x)$ がある区間で増加するとき，$y=f(x)$ のグラフはその区間で右上がりであり，関数 $f(x)$ がある区間で減少するとき，$y=f(x)$ のグラフはその区間で右下がりである。

そこで，関数 $f(x)$ の増加，減少を接線の傾きの符号に注目して調べてみよう。

$y=f(x)$ のグラフ上の点Aにおける接線は，点Aの近くでは曲線 $y=f(x)$ にほぼ一致するとみなすことができる。ここで，点 $\mathrm{A}(a,\ f(a))$ とすると，点Aにおける接線の傾きは $f'(a)$ であるから，次の[1]，[2]，[3]が成り立つ。

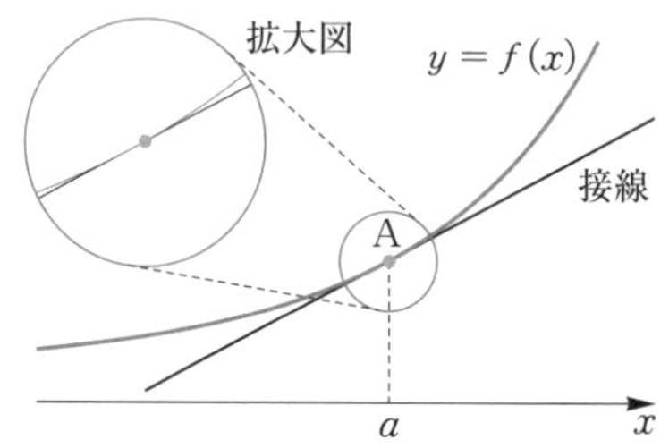

[1]　$f'(a)>0$ ならば，点Aにおける接線は右上がりである。

したがって，点Aの近くでは $y=f(x)$ のグラフは右上がりである。

すなわち，$f(x)$ は $x=a$ の近くで増加している。

[2]　$f'(a)<0$ ならば，点Aにおける接線は右下がりである。

すなわち，$f(x)$ は $x=a$ の近くで減少している。

[3]　ある区間でつねに $f'(x)=0$ ならば，その区間で接線の傾きがつねに0である。

したがって，この区間でグラフは x 軸に平行である。

すなわち，その区間で $f(x)$ は定数である。

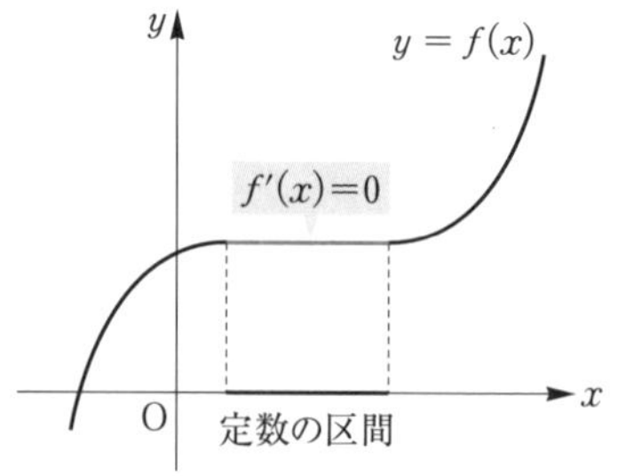

関数 $f(x)$ が閉区間 $[a,\ b]$ で連続で，開区間 $(a,\ b)$ で微分可能であるとき，関数の増加，減少について次のことが成り立つ。

導関数の符号と関数の増加・減少

区間 $(a,\ b)$ でつねに $f'(x)>0$ ならば，**$f(x)$ は区間 $[a,\ b]$ で増加** する。
区間 $(a,\ b)$ でつねに $f'(x)<0$ ならば，**$f(x)$ は区間 $[a,\ b]$ で減少** する。
区間 $(a,\ b)$ でつねに $f'(x)=0$ ならば，区間 $[a,\ b]$ で $f(x)$ は定数関数である。

例1 関数 $f(x)=x^3-3x+1$ の増加・減少を調べてみよう。

$$f'(x)=3x^2-3=3(x+1)(x-1)$$

であるから

$x=-1,\ 1$ のとき $f'(x)=0$
$x<-1,\ 1<x$ のとき $f'(x)>0$
$-1<x<1$ のとき $f'(x)<0$

よって，関数 $f(x)$ は

$x<-1,\ 1<x$ で増加，
$-1<x<1$ で減少する。

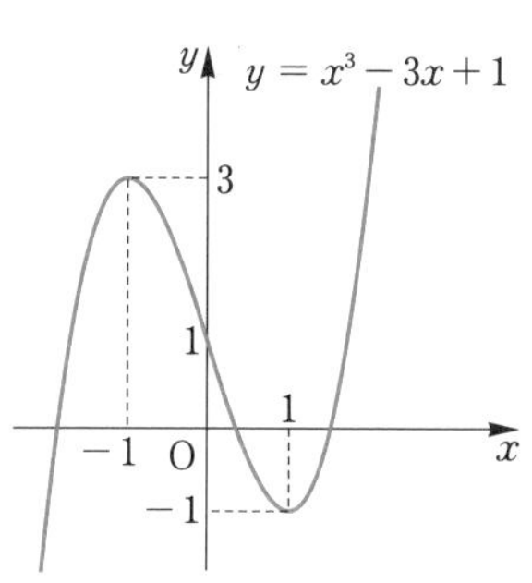

例1の関数の増加・減少を調べるときには，下のように表にまとめるとよい。記号↗は増加，↘は減少を表す。

x	$\cdots$	-1	$\cdots$	1	$\cdots$
$f'(x)$	$+$	0	$-$	0	$+$
$f(x)$	↗	3	↘	-1	↗

←― $f'(x)=0$ となる値
←― $f'(x)$ の正，負，0
←― $f(x)$ の増減

一般に，関数の増加・減少を関数の **増減** といい，上の表を **増減表** という。

練習4 次の関数の増減を調べよ。

(1) $f(x)=x^3+3x^2-9x$　　(2) $f(x)=-x^3-3x^2+3$

(3) $f(x)=x^3-3x^2+5x+4$　　(4) $f(x)=x^4-2x^3-2x^2$

5 関数の極大・極小

前ページの例1の関数 $f(x)=x^3-3x+1$ の増減表によると，$x=-1$ の前後で $f(x)$ は増加から減少に変わっている。また，$x=1$ の前後で $f(x)$ は減少から増加に変わっている。

一般に，関数 $f(x)$ において，$x=a$ の前後で増加から減少に変わるとき，$f(x)$ は $x=a$ で **極大** であるといい，$f(a)$ を **極大値** という。

また，$x=b$ の前後で減少から増加に変わるとき，$f(x)$ は $x=b$ で **極小** であるといい，$f(b)$ を **極小値** という。極大値と極小値をまとめて **極値** という。

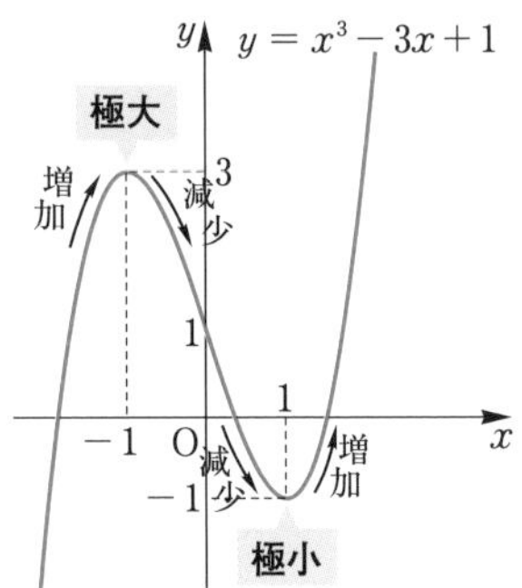

このとき，$\boldsymbol{f'(a)=0}$，$\boldsymbol{f'(b)=0}$ である。

例2 例1の関数 $f(x)=x^3-3x+1$ では

$x=-1$ で極大となり，

極大値は 3

$x=1$ で極小となり，

極小値は -1

である。

x	$\cdots$	-1	$\cdots$	1	$\cdots$
$f'(x)$	$+$	0	$-$	0	$+$
$f(x)$	↗	極大 3	↘	極小 -1	↗

導関数 $f'(x)$ の符号と極大，極小について，次のことが成り立つ。

導関数の符号と極大・極小

関数 $f(x)$ において，$\boldsymbol{f'(a)=0}$ であり，$x=a$ の前後で

$f'(x)$ の符号が **正から負** に変わるとき，$f(x)$ は $x=a$ で **極大**

$f'(x)$ の符号が **負から正** に変わるとき，$f(x)$ は $x=a$ で **極小**

練習5 次の関数 $f(x)$ の極値を求めよ。

(1) $f(x)=x^3+3x^2-5$　　(2) $f(x)=-x^4+2x^2-1$

例3 関数 $f(x)=x^2e^{-x}$ の増減を調べて，極値を求めてみよう。

$$f'(x)=2xe^{-x}-x^2e^{-x}=-x(x-2)e^{-x}$$

$f'(x)=0$ とすると　$x=0,\ 2$

$f(x)$ の増減表は次のようになる。

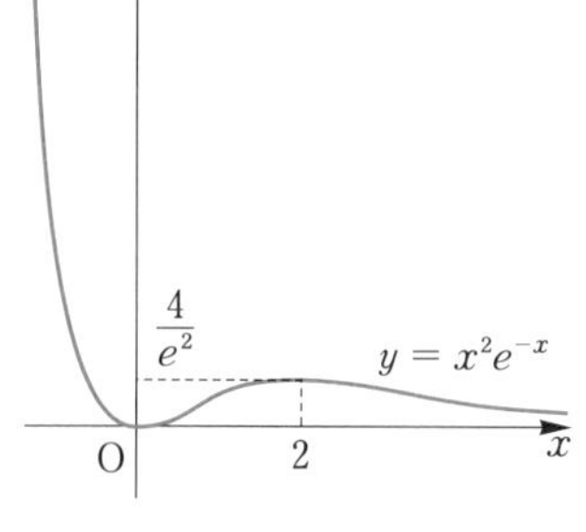

x	$\cdots$	0	$\cdots$	2	$\cdots$
$f'(x)$	$-$	0	$+$	0	$-$
$f(x)$	$\searrow$	0	$\nearrow$	$\dfrac{4}{e^2}$	$\searrow$

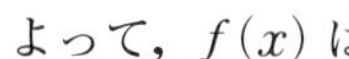

よって，$f(x)$ は

$x=2$ のとき 極大値 $\dfrac{4}{e^2}$，

$x=0$ のとき 極小値 0

をとる。

練習6 次の関数の増減を調べて，極値を求めよ。

(1) $f(x)=xe^x$　　　(2) $f(x)=x\log x$

例4 関数 $f(x)=x^3+1$ について

$f'(x)=3x^2$ より　$f'(0)=0$

であるが，$x=0$ の前後で $f'(x)>0$ であり $f'(x)$ の符号が変わらないから，$x=0$ で極値はとらない。

なお，この関数はつねに増加する。

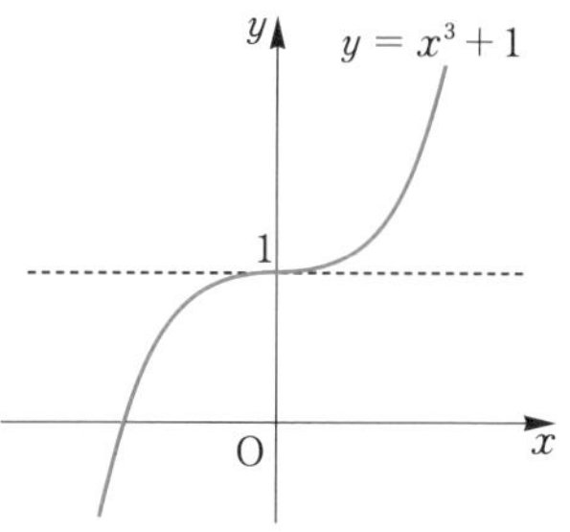

関数 $f(x)$ が $x=a$ で極値をもつなら $f'(a)=0$ であるが，例4からもわかるように，$f'(a)=0$ であっても $f(a)$ が極値になるとは限らない。

練習7 次の関数 $f(x)$ は極値をもたないことを示せ。

(1) $f(x)=\dfrac{1}{3}x^3-x^2+x+1$　　　(2) $f(x)=x-\dfrac{1}{x}$

(3) $f(x)=\sin x-x$

6 関数の最大・最小

定められた区間での関数の増減を調べることによって，その関数の最大値や最小値を求めることができる。

例題 3 関数 $f(x)=x^4-6x^2-8x+10$ の区間 $-2 \leqq x \leqq 3$ における最大値，最小値を求めよ。

解 $f'(x)=4x^3-12x-8=4(x+1)^2(x-2)$

$f'(x)=0$ とすると　$x=-1,\ 2$

したがって，区間 $-2 \leqq x \leqq 3$ における増減表は次のようになる。

x	-2	$\cdots$	-1	$\cdots$	2	$\cdots$	3
$f'(x)$		$-$	0	$-$	0	$+$	
$f(x)$	18	↘	13	↘	-14	↗	13

よって

$x=-2$ のとき

最大値 18

$x=2$ のとき

最小値 −14

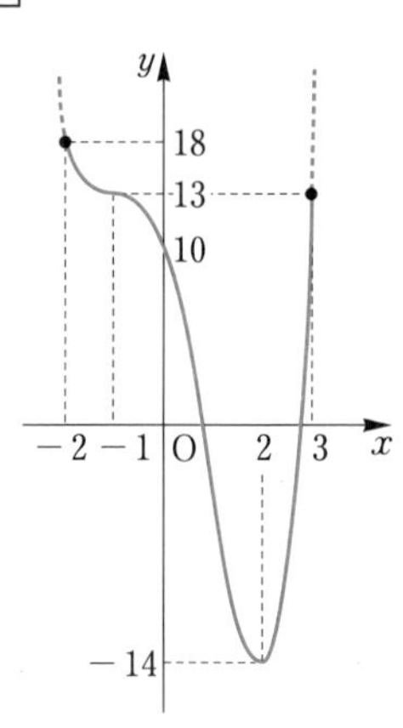

練習8 次の関数の（　）内の区間における最大値，最小値を求めよ。

(1) $f(x)=x^3-6x^2+9x$　　$(-1 \leqq x \leqq 4)$

(2) $f(x)=-x^3+3x+2$　　$(-2 \leqq x \leqq 2)$

(3) $f(x)=x^4-2x^3$　　$(0 \leqq x \leqq 3)$

(4) $f(x)=\dfrac{1}{4}x^4+\dfrac{1}{3}x^3-x^2+1$　　$(-2 \leqq x \leqq 2)$

例題 4 関数 $f(x)=x+\sqrt{4-x^2}$ の最大値，最小値を求めよ。

解 この関数の定義域は，$4-x^2\geqq 0$ から　←根号内が0以上であることから定義域が定まる

$$-2\leqq x\leqq 2$$

であり，

$$f'(x)=1-\frac{x}{\sqrt{4-x^2}}=\frac{\sqrt{4-x^2}-x}{\sqrt{4-x^2}}$$

$f'(x)=0$ となる x の値は

$$\sqrt{4-x^2}=x$$

の両辺を2乗して

$$4-x^2=x^2 \text{ より } \quad x^2=2$$

ゆえに

$$x=\pm\sqrt{2},\ x=\sqrt{4-x^2}>0 \text{ より}$$

$$x=\sqrt{2}$$

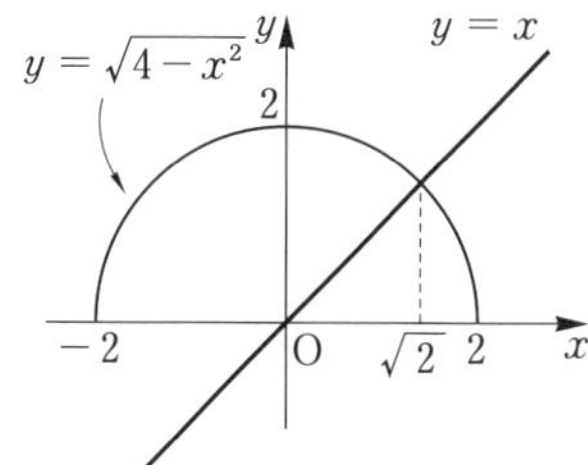

したがって，$f(x)$ の増減表は次のようになる。

x	-2	$\cdots$	$\sqrt{2}$	$\cdots$	2
$f'(x)$		$+$	0	$-$	
$f(x)$	-2	↗	$2\sqrt{2}$	↘	2

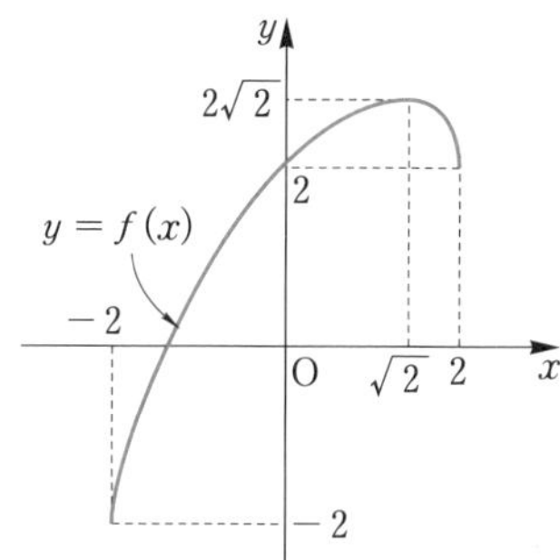

よって，$x=\sqrt{2}$ のとき　**最大値 $2\sqrt{2}$**

$x=-2$ のとき　**最小値 -2**

練習 9 次の関数の最大値，最小値を求めよ。

(1) $f(x)=x-\sqrt{1-x^2}$

(2) $f(x)=x\log x-x \quad \left(\dfrac{1}{e}\leqq x\leqq e\right)$

(3) $y=e^{-\frac{x^2}{2}} \quad (-1\leqq x\leqq 1)$

7 分数関数のグラフ

分数関数の増減と極値を調べて，そのグラフをかいてみよう。

例題 5 関数 $y=\dfrac{2x}{x^2+1}$ の増減，極値を調べて，そのグラフをかけ。

解

$$y'=\frac{2(x^2+1)-2x\cdot 2x}{(x^2+1)^2}=-\frac{2(x+1)(x-1)}{(x^2+1)^2}$$

であるから，y の増減表は右のようになる。

x	$\cdots$	-1	$\cdots$	1	$\cdots$
y'	$-$	0	$+$	0	$-$
y	↘	-1	↗	1	↘

したがって

$x=1$ のとき **極大値 1**

$x=-1$ のとき **極小値 −1**

また，$\displaystyle\lim_{x\to\infty}\frac{2x}{x^2+1}=0$，$\displaystyle\lim_{x\to-\infty}\frac{2x}{x^2+1}=0$ であるから，x 軸は漸近線である。

よって，グラフは下の図のようになる。

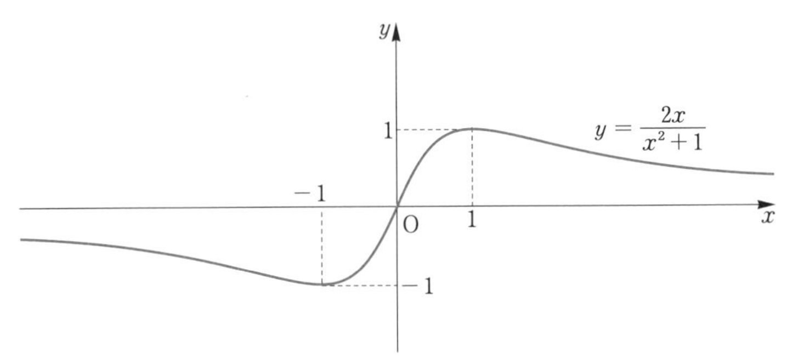

関数 $y=f(x)$ のグラフにおいて

$$\lim_{x\to\infty}y=a \quad または \quad \lim_{x\to-\infty}y=a$$

が成り立つとき，直線 $y=a$ は漸近線である。

練習10 次の関数の増減，極値を調べて，そのグラフをかけ。

(1) $y=\dfrac{2}{x^2+1}$　　(2) $y=\dfrac{3-4x}{x^2+1}$

例題 6　関数 $y=\dfrac{x^2}{x-1}$ の増減，極値，漸近線を調べて，そのグラフをかけ。

解　この関数の定義域は，$x \neq 1$ である。

$$y'=\frac{2x(x-1)-x^2}{(x-1)^2}=\frac{x(x-2)}{(x-1)^2}$$

であるから，y の増減表は右のようになる。

x	$\cdots$	0	$\cdots$	1	$\cdots$	2	$\cdots$
y'	$+$	0	$-$	／	$-$	0	$+$
y	↗	0	↘	／	↘	4	↗

したがって

$x=0$ のとき **極大値 0,**

$x=2$ のとき **極小値 4**

ここで，$y=x+1+\dfrac{1}{x-1}$ であるから

$$\lim_{x\to\infty}\{y-(x+1)\}=\lim_{x\to\infty}\frac{1}{x-1}=0$$

$$\lim_{x\to-\infty}\{y-(x+1)\}=\lim_{x\to-\infty}\frac{1}{x-1}=0$$

よって，直線 $y=x+1$ は漸近線である。

また，$\displaystyle\lim_{x\to1+0}y=\infty$，$\displaystyle\lim_{x\to1-0}y=-\infty$

であるから，直線 $x=1$ も漸近線である。

以上のことから，グラフは右の図のようになる。

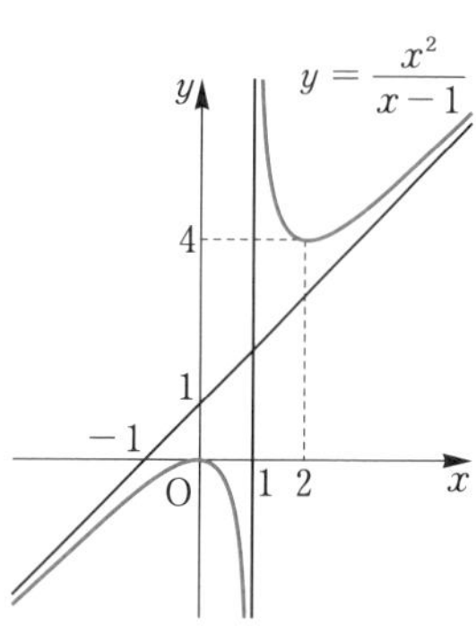

関数 $y=f(x)$ のグラフにおいて

$$\lim_{x\to\infty}\{y-(mx+n)\}=0 \quad \text{または} \quad \lim_{x\to-\infty}\{y-(mx+n)\}=0$$

が成り立つとき，直線 $y=mx+n$ は漸近線である。

また，$\displaystyle\lim_{x\to b+0}y=\infty$，$\displaystyle\lim_{x\to b+0}y=-\infty$，$\displaystyle\lim_{x\to b-0}y=\infty$，$\displaystyle\lim_{x\to b-0}y=-\infty$ のいずれかが成り立つとき，直線 $x=b$ は漸近線である。

練習11　次の関数の増減，極値，漸近線を調べて，そのグラフをかけ。

(1)　$y=x+\dfrac{1}{x+1}$　　　(2)　$y=\dfrac{x^2-x-2}{x}$

2 第2次導関数と関数のグラフ

1 曲線の凹凸

接線の傾きの変化から曲線の凹凸を調べてみよう。

関数 $f(x)$ の増減は，導関数 $f'(x)$ の符号から調べることができた。すなわち，$f'(x)$ の正，負はそれぞれ $f(x)$ の増加，減少を表した。

同様に，$f'(x)$ の増減は，第2次導関数 $f''(x)$ の符号から調べることができる。

$f'(x)$ は曲線 $y=f(x)$ 上の点 $(x,\ f(x))$ における接線の傾きを表している。

このことから，ある区間においてつねに $f''(x)>0$ のとき，接線の傾き $f'(x)$ はこの区間で増加している。

このとき，曲線 $y=f(x)$ はこの区間で，**下に凸** であるという。

$f''(x)>0$ のとき下に凸

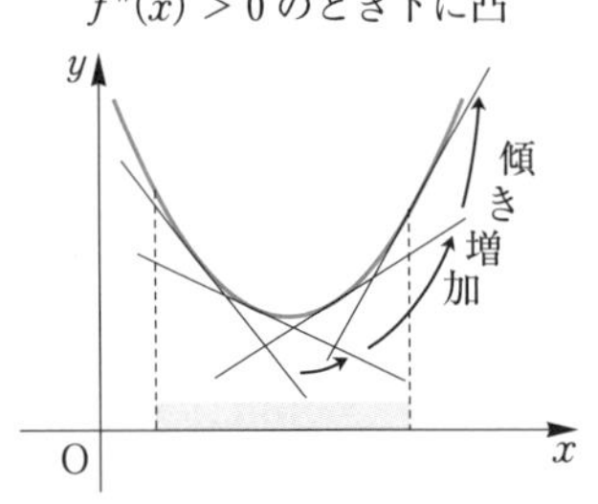

同様に，ある区間においてつねに $f''(x)<0$ のとき，接線の傾き $f'(x)$ はこの区間で減少している。

このとき，曲線 $y=f(x)$ はこの区間で，**上に凸** であるという。

$f''(x)<0$ のとき上に凸

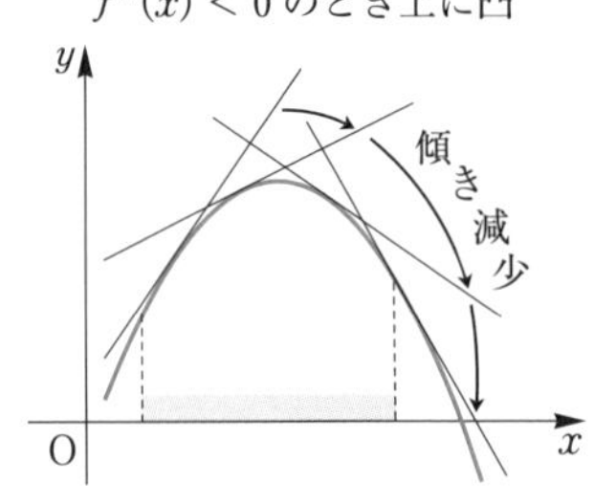

以上のことをまとめると，次のことが成り立つ。

曲線の凹凸

関数 $f(x)$ は第2次導関数 $f''(x)$ をもつとする。

$f''(x)>0$ となる区間では，曲線 $y=f(x)$ は **下に凸** である。

$f''(x)<0$ となる区間では，曲線 $y=f(x)$ は **上に凸** である。

例5 曲線 $y=x^3-3x+1$ の凹凸を調べてみよう。

$$y'=3x^2-3,\ y''=6x$$

より，凹凸は次のようになる。

$x<0$ のとき，上に凸

$x>0$ のとき，下に凸

x	$\cdots$	0	$\cdots$
y''	$-$	0	$+$
y	上に凸	1	下に凸

例5の曲線 $y=x^3-3x+1$ は右の図のようになり，点 $(0,\ 1)$ を境目にして，凹凸が入れかわっている。このように，曲線の凹凸が入れかわる境目となる点を，その曲線の **変曲点** という。

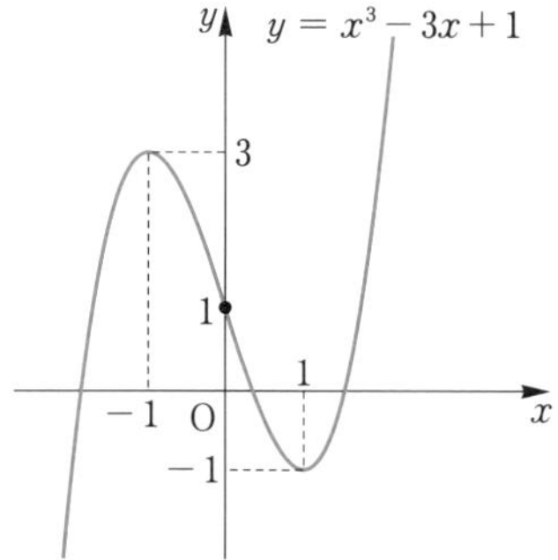

変曲点

$f''(a)=0$ で，かつ $x=a$ の前後で $f''(x)$ の符号が変わるならば，点 $(a,\ f(a))$ は曲線 $y=f(x)$ の変曲点である。

ところで，曲線 $y=f(x)$ において，点 $(a,\ f(a))$ が変曲点ならば $f''(a)=0$ であるが，$f''(a)=0$ であっても，点 $(a,\ f(a))$ は変曲点であるとは限らない。

例6 $f(x)=x^4$ のとき

$$f'(x)=4x^3,\ f''(x)=12x^2$$

となり

$$f''(0)=0$$

であるが，$f''(x)=12x^2\geqq 0$ であるから $x=0$ の前後で $f''(x)$ の符号が変わらないので，原点 $(0,\ 0)$ は変曲点ではない。

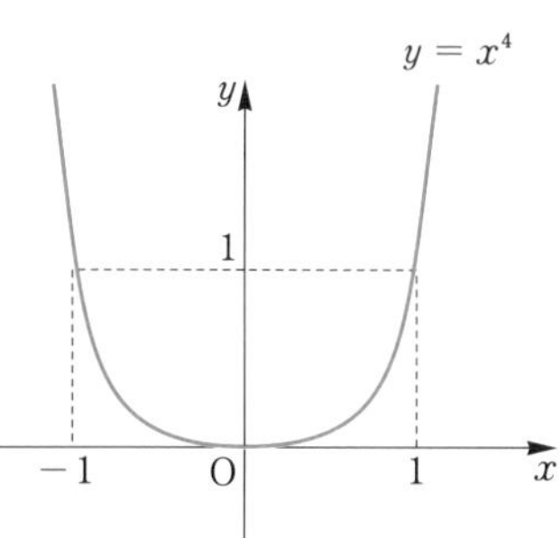

練習12 次の曲線の凹凸を調べて，変曲点の座標を求めよ。

(1) $y=x^4-2x^3$　(2) $y=xe^x$　(3) $y=\tan x$ $\left(-\dfrac{\pi}{2}<x<\dfrac{\pi}{2}\right)$

2 曲線の凹凸とグラフ

関数のグラフをかく場合には，関数の増減や極値だけでなく，凹凸や変曲点などを調べればより詳しくかくことができる。

例題 7 関数 $y=e^{-x^2}$ の増減，極値，曲線の凹凸および変曲点を調べて，そのグラフをかけ。

解

$$y'=-2xe^{-x^2}$$

$$y''=-2\{e^{-x^2}+x(-2xe^{-x^2})\}=2(2x^2-1)e^{-x^2}$$

$y'=0$ とすると　$x=0$，　$y''=0$ とすると　$x=\pm\dfrac{1}{\sqrt{2}}$

であるから，増減，凹凸は次の表のようになる。

x	$\cdots$	$-\dfrac{1}{\sqrt{2}}$	$\cdots$	0	$\cdots$	$\dfrac{1}{\sqrt{2}}$	$\cdots$
y'	$+$	$+$	$+$	0	$-$	$-$	$-$
y''	$+$	0	$-$	$-$	$-$	0	$+$
y	⤴	$\dfrac{1}{\sqrt{e}}$	↱	1	⤵	$\dfrac{1}{\sqrt{e}}$	↳

したがって，$x=0$ のとき **極大値 1，　極小値はない**。

また，**変曲点は** $\left(-\dfrac{1}{\sqrt{2}},\ \dfrac{1}{\sqrt{e}}\right)$，$\left(\dfrac{1}{\sqrt{2}},\ \dfrac{1}{\sqrt{e}}\right)$ である。

さらに，$\displaystyle\lim_{x\to\infty}y=0$，$\displaystyle\lim_{x\to-\infty}y=0$ であるから，x 軸は漸近線である。

なお，$f(x)=e^{-x^2}$ とすると，つねに $f(-x)=f(x)$ が成り立つから，グラフは y 軸に関して対称である。以上のことから，グラフは右の図のようになる。

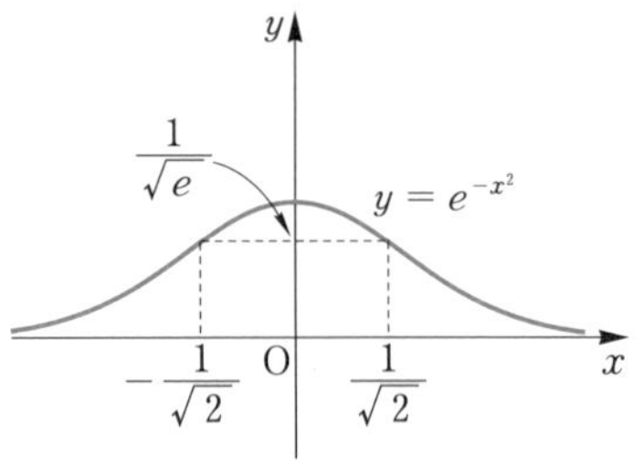

注意　上の表の↱は上に凸で増加，⤵は上に凸で減少，↳は下に凸で減少，⤴は下に凸で増加を表している。

例題 8 関数 $y = x\sqrt{2 - x^2}$ の増減，極値，曲線の凹凸，および変曲点を調べてそのグラフをかけ。

解 この関数の定義域は，$2 - x^2 \geqq 0$ から $-\sqrt{2} \leqq x \leqq \sqrt{2}$

$$y' = \sqrt{2 - x^2} + x \cdot \frac{-2x}{2\sqrt{2 - x^2}} = -\frac{2(x+1)(x-1)}{\sqrt{2 - x^2}}$$

$$y'' = -\frac{4x(2 - x^2) + 2x(x^2 - 1)}{(2 - x^2)\sqrt{2 - x^2}} = \frac{2x(x^2 - 3)}{(2 - x^2)\sqrt{2 - x^2}}$$

であるから，増減，凹凸は次の表のようになる。

x	$-\sqrt{2}$	$\cdots$	-1	$\cdots$	0	$\cdots$	1	$\cdots$	$\sqrt{2}$
y'		$-$	0	$+$	$+$	$+$	0	$-$	
y''		$+$	$+$	$+$	0	$-$	$-$	$-$	
y	0	↘	-1	↗	0	↗	1	↘	0

したがって，

$x = 1$ のとき **極大値 1**，

$x = -1$ のとき **極小値 −1**

変曲点は (0, 0) である。

なお，$f(x) = x\sqrt{2 - x^2}$ とするとつねに $f(-x) = -f(x)$ が成り立つから，グラフは原点に関して対称である。

以上のことから，グラフは右の図のようになる。

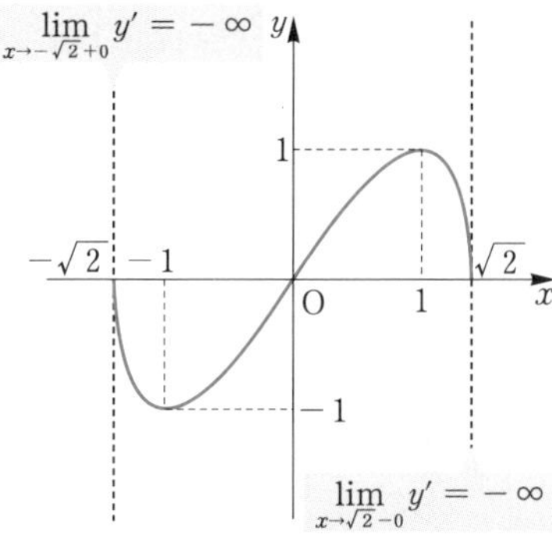

練習13 次の関数の増減，極値，曲線の凹凸，および変曲点を調べて，そのグラフをかけ。

(1) $y = x^4 - 2x^3$　　(2) $y = e^{-\frac{x^2}{2}}$

(3) $y = \dfrac{x}{x^2 - 1}$　　(4) $y = x - 2\sqrt{x}$

3 いろいろな応用

1 最大・最小

例題 9 曲線 $y=e^{-x}$ 上の点 $(t,\ e^{-t})$ における接線と，x 軸および y 軸で囲まれてできる三角形の面積の最大値を求めよ。ただし，$t>0$ とする。

解 $y=e^{-x}$ から　$y'=-e^{-x}$

したがって，点 $(t,\ e^{-t})$ における接線の方程式は

$$y-e^{-t}=-e^{-t}(x-t)$$

この接線が x 軸および y 軸と交わる点をそれぞれ P，Q とすると

$$\mathrm{P}(t+1,\ 0),\quad \mathrm{Q}(0,\ (t+1)e^{-t})$$

三角形 OPQ の面積を S とすると

$$S=\frac{1}{2}(t+1)^2e^{-t}$$

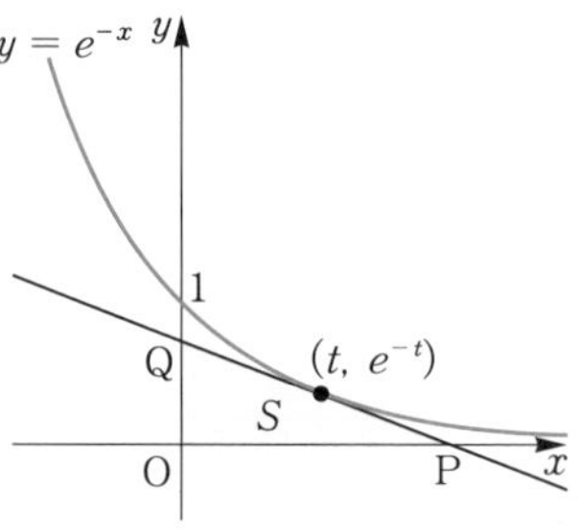

このとき

$$\frac{dS}{dt}=(t+1)e^{-t}-\frac{1}{2}(t+1)^2e^{-t}$$

$$=-\frac{1}{2}(t+1)(t-1)e^{-t}$$

よって，$t>0$ における S の増減表は右のようになるから，三角形 OPQ の面積は $t=1$ のとき最大となり，最大値は $\boldsymbol{\frac{2}{e}}$ である。

t	0	$\cdots$	1	$\cdots$
$\frac{dS}{dt}$	／	＋	0	－
S	／	↗	$\frac{2}{e}$	↘

練習14 曲線 $y=\sqrt{1-x}$ 上の点 $(t,\ \sqrt{1-t})$ における接線と，x 軸および y 軸で囲まれてできる三角形の面積の最小値を求めよ。ただし，$0<t<1$ とする。

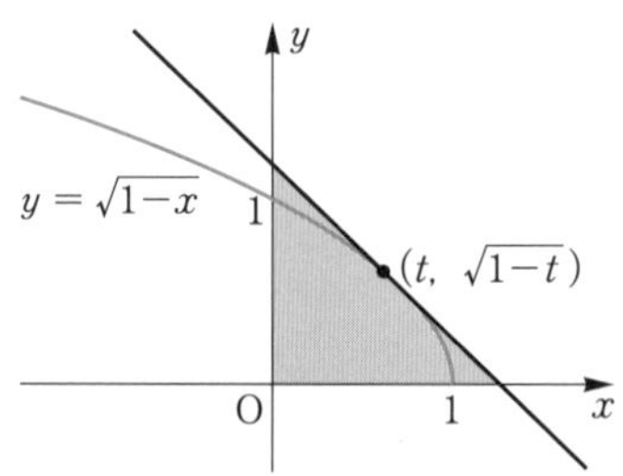

2 不等式の証明

関数の増減を調べることにより，不等式を証明してみよう。

例題 10 $x>0$ のとき，次の不等式を証明せよ。

$$e^x > 1+x$$

証明 $f(x)=e^x-(1+x)$ とおくと

$$f'(x)=e^x-1$$

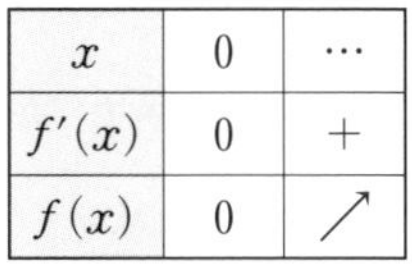

x	0	$\cdots$
$f'(x)$	0	$+$
$f(x)$	0	↗

$x>0$ のとき $e^x>1$ であるから

$$f'(x)>0$$

したがって，$f(x)$ は $x \geqq 0$ で増加する。

ゆえに，$x>0$ のとき

$$f(x)>f(0)$$

ここで，$f(0)=0$ であるから

$$f(x)>0$$

よって　$e^x>1+x$　終

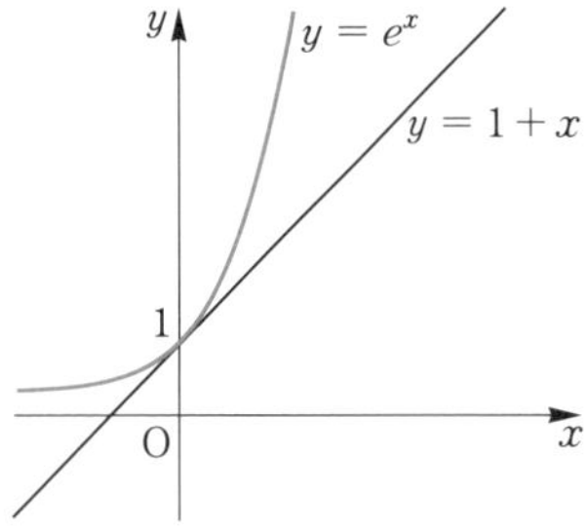

練習 15 $x>0$ のとき，次の不等式を証明せよ。

(1) $\log(1+x)<x$　　(2) $\sin x<x$

練習 16 例題 10 の結果を利用して，次の不等式を証明せよ。

$$x>0 \text{ のとき} \quad e^x>1+x+\frac{x^2}{2}$$

練習 16 の不等式から，$x>0$ のとき

$$e^x>\frac{x^2}{2} \quad \text{すなわち} \quad \frac{e^x}{x}>\frac{x}{2} \text{ が成り立つ。}$$

ここで，$\displaystyle\lim_{x\to\infty}\frac{x}{2}=\infty$ であるから $\displaystyle\lim_{x\to\infty}\frac{e^x}{x}=\infty$ となる。

一般に，任意の自然数 n に対して，次のことが成り立つ。

$$\lim_{x\to\infty}\frac{e^x}{x^n}=\infty, \qquad \lim_{x\to\infty}\frac{x^n}{e^x}=0$$

3 方程式の実数解の個数

k を定数とするとき，方程式 $f(x)=k$ の異なる実数解の個数は，関数 $y=f(x)$ のグラフと直線 $y=k$ との共有点の個数に一致する。

例題 11 k を定数とするとき，方程式 $e^x=kx$ の異なる実数解の個数を調べよ。

解 $x=0$ は $e^x=kx$ の解ではないから，この方程式を $\dfrac{e^x}{x}=k$ と変形して調べる。

$f(x)=\dfrac{e^x}{x}$ とおくと $f'(x)=\dfrac{e^x x-e^x}{x^2}=\dfrac{(x-1)e^x}{x^2}$

よって，$f(x)$ の増減表は右のようになる。

x	$\cdots$	0	$\cdots$	1	$\cdots$
$f'(x)$	$-$	／	$-$	0	$+$
$f(x)$	↘	／	↘	e	↗

また

$$\lim_{x\to+0}\frac{e^x}{x}=\infty,\quad \lim_{x\to-0}\frac{e^x}{x}=-\infty,$$

$$\lim_{x\to\infty}\frac{e^x}{x}=\infty,\quad \lim_{x\to-\infty}\frac{e^x}{x}=0$$

であるから，$y=f(x)$ のグラフは右の図のようになる。

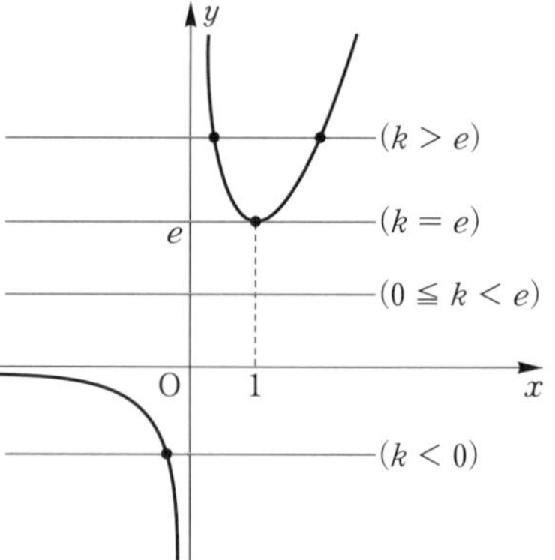

このグラフと直線 $y=k$ との共有点の個数を調べると，求める実数解の個数は

$k>e$ のとき　2個
$k<0$，$k=e$ のとき　1個
$0\leqq k<e$ のとき　0個

練習17 k を定数とするとき，次の方程式の異なる実数解の個数を調べよ。

(1) $x^3-3x^2-9x+9-k=0$　　(2) $\log x-x+k=0$

(3) $e^x=kx^2$　　(4) $k(x^2+1)=x$

4 近似式

関数 $f(x)$ が $x=a$ で微分可能であるとき，a に近い値 $a+h$ における関数の値 $f(a+h)$ を近似する式を求めてみよう。

微分係数の定義から

$$f'(a)=\lim_{h\to 0}\frac{f(a+h)-f(a)}{h}$$

であるから，h が 0 に近い値のとき

$$f'(a)\fallingdotseq\frac{f(a+h)-f(a)}{h}$$

すなわち，次の近似式が成り立つ。

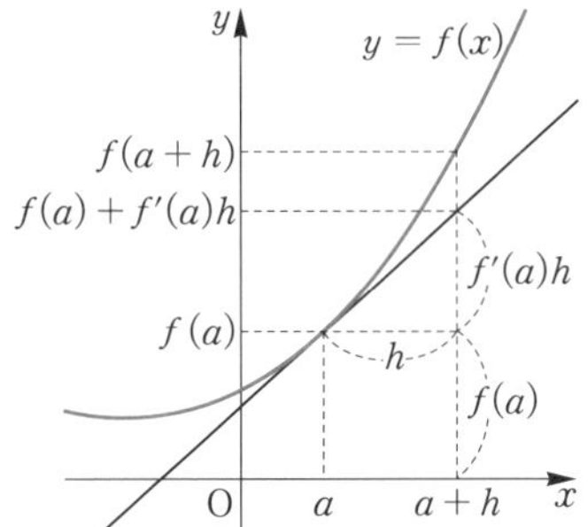

1次近似式

h が 0 に近い値のとき

$$\boldsymbol{f(a+h)\fallingdotseq f(a)+f'(a)h}$$

例7 $f(x)=\sin x$ のとき　$f'(x)=\cos x$

であるから，h が 0 に近い値のとき

$$\sin(a+h)\fallingdotseq\sin a+h\cos a$$

例 7 の近似式を用いると，$\sin 61^\circ$ の近似値を次のようにして求めることができる。$\pi\fallingdotseq 3.1416$ とすると

$$\sin 61^\circ=\sin\left(\frac{\pi}{3}+\frac{\pi}{180}\right)$$

$60^\circ=\frac{\pi}{3}$，$1^\circ=\frac{\pi}{180}$

$$\fallingdotseq\sin\frac{\pi}{3}+\frac{\pi}{180}\cos\frac{\pi}{3}=\frac{\sqrt{3}}{2}+\frac{\pi}{180}\cdot\frac{1}{2}\fallingdotseq 0.8748$$

すなわち　$\sin 61^\circ\fallingdotseq 0.8748$

練習18 h が 0 に近い値のとき，次の近似式が成り立つことを示せ。

$$\cos(a+h)\fallingdotseq\cos a-h\sin a$$

また，この近似式を用いて，$\cos 31^\circ$ の近似値を求めよ。

前ページの近似式 $f(a+h) \fallingdotseq f(a)+f'(a)h$ において，$a=0$，$h=x$ とおくと

1次近似式

> **x が 0 に近い値のとき**
>
> $$\boldsymbol{f(x) \fallingdotseq f(0)+f'(0)x}$$

例8 $f(x)=\sin x$ のとき $f'(x)=\cos x$

であるから

$$f(0)=\sin 0=0, \quad f'(0)=\cos 0=1$$

よって，x が 0 に近い値のとき

$$\boldsymbol{\sin x \fallingdotseq x}$$

が成り立つ。

$\displaystyle\lim_{x\to 0}\frac{\sin x}{x}=1$
からも，$x \fallingdotseq 0$ のとき
$\sin x \fallingdotseq x$ がいえる

練習19 x が 0 に近い値のとき，次の近似式が成り立つことを示せ。

(1) $\tan x \fallingdotseq x$　　(2) $e^x \fallingdotseq 1+x$

例9 $f(x)=(1+x)^p$ （p は実数）のとき $f'(x)=p(1+x)^{p-1}$

であるから

$$f(0)=1, \quad f'(0)=p$$

よって，x が 0 に近い値のとき

$$\boldsymbol{(1+x)^p \fallingdotseq 1+px}$$

が成り立つ。

上の近似式 $(1+x)^p \fallingdotseq 1+px$ を用いると，$\sqrt[3]{1.003}$ の近似値を次のようにして求めることができる。

$$\sqrt[3]{1.003}=(1+0.003)^{\frac{1}{3}}$$
$$\fallingdotseq 1+\frac{1}{3}\times 0.003=1.001$$

$x=0.003$，$p=\dfrac{1}{3}$

練習20 近似式 $(1+x)^p \fallingdotseq 1+px$ を用いて，次の近似値を求めよ。

(1) 1.0005^{10}　　(2) $\sqrt[4]{10016}$

5 速度と加速度

数直線上を動く点Pがあり，Pの座標xが，時刻tの関数として，

$$x=f(t)$$

と表されるとき，xのtに関する変化率$\dfrac{dx}{dt}$を，時刻tにおけるPの **速度** という。

点Pの速度をvとすると，vは次の式で表される。

$$\boldsymbol{v=\frac{dx}{dt}}=\lim_{\Delta t\to 0}\frac{f(t+\Delta t)-f(t)}{\Delta t}=f'(t)$$

また，速度vの絶対値$|v|$を，時刻tにおけるPの **速さ** という。

さらに，速度vの時刻tの変化率を，時刻tにおけるPの **加速度** という。

加速度をαとすると，αは次の式で表される。

$$\boldsymbol{\alpha=\frac{dv}{dt}=\frac{d^2x}{dt^2}=f''(t)}$$

例10 地上から初速度v_0 m/秒で真上に投げ上げた物体のt秒後の高さをy mとすると，$y=v_0t-4.9t^2$と表される。このとき，t秒後のこの物体の速度をv m/秒，加速度をα m/秒^{2}とすると

$$v=\frac{dy}{dt}=v_0-9.8t,\qquad \alpha=\frac{dv}{dt}=-9.8$$

$v=0$となるのは，$t=\dfrac{v_0}{9.8}$のときであり，このとき運動の向きが上向きから下向きに変わる。

練習21 数直線上を運動する点Pの座標xが，時刻tの関数として次の式で表されるとき，時刻tにおける点Pの速度v，および加速度αを求めよ。また，運動の向きが負から正に変わる時刻を求めよ。

(1) $x=t^3-3t\quad(t\geqq 0)$ (2) $x=3\sin 2t\quad(0\leqq t\leqq \pi)$

6 いろいろな量の変化率

点の運動の速度だけでなく，一般に，時刻 t とともに変化する量が $f(t)$ で表されているとき，$f'(t)$ はその量の変化の速度を表している。

例題 12 上面の半径が 8 cm，高さが 16 cm の円錐(すい)状の容器を，その軸を鉛直におき，この容器に毎秒 4 cm^3 の割合で水を注いでいく。水面の高さが 6 cm になったときの水面の上昇する速度を求めよ。

解 水を注ぎはじめてから t 秒後の水面の半径を r cm，高さを h cm とすると

$$r:h=8:16 \text{ より } \quad r=\frac{1}{2}h$$

また，注がれた水の量を V cm^3 とすると

$$V=\frac{1}{3}\pi r^2h=\frac{1}{12}\pi h^3$$

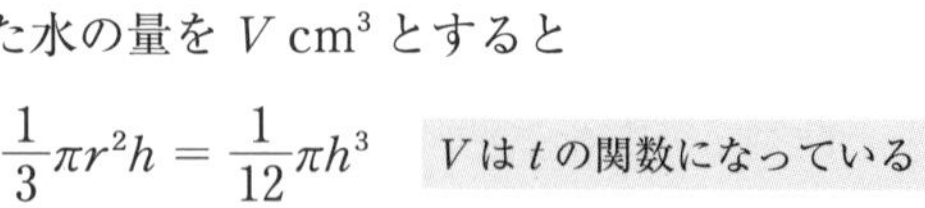

V を t について微分すると

$$\frac{dV}{dt}=\frac{dV}{dh}\cdot\frac{dh}{dt}=\frac{1}{4}\pi h^2\cdot\frac{dh}{dt}$$

水面の上昇速度は $\dfrac{dh}{dt}$ で表される

これに $\dfrac{dV}{dt}=4$，$h=6$ を代入して

$$4=9\pi\frac{dh}{dt}$$

よって $\dfrac{dh}{dt}=\dfrac{4}{9\pi}$

すなわち，水面の上昇する速度は $\boldsymbol{\dfrac{4}{9\pi}}$ **cm/秒**

練習22 例題 12 において，水面の高さが 6 cm になったときの水面の面積の増加する速度を求めよ。

節末問題

1. 次の曲線について，接線の方程式を求めよ。

(1) 曲線 $y=\dfrac{4}{x^2}$ 上の点 $(-2,\ 1)$ における接線

(2) 曲線 $y=\tan x\ \left(-\dfrac{\pi}{2}<x<\dfrac{\pi}{2}\right)$ の接線で，傾きが 2 であるもの

(3) 点 $(4,\ -2)$ から直角双曲線 $xy=1$ に引いた接線

2. 次の関数の増減，極値を調べて，そのグラフをかけ。

(1) $y=\dfrac{e^x-e^{-x}}{e^x+e^{-x}}$　　(2) $y=\dfrac{x^3}{x^2-1}$

3. 次の関数の増減，極値，曲線の凹凸を調べて，そのグラフをかけ。

(1) $y=xe^{-x}$

(2) $y=(\log x)^2$

(3) $y=x-2\sin x\quad(0\leqq x\leqq 2\pi)$

4. 次の関数の最大値と最小値を求めよ。

$$y=x\sin x+\cos x\quad(0\leqq x\leqq 2\pi)$$

5. 曲線 $y=-\log x$ 上の点 $(t,\ -\log t)$ における接線と，x 軸および y 軸とで囲まれてできる三角形の面積の最大値を求めよ。ただし，$0<t<1$ とする。

6. $x>0$ のとき，次の不等式を証明せよ。

(1) $1-\dfrac{x^2}{2}<\cos x$　　(2) $x-\dfrac{x^3}{6}<\sin x$

7. 双曲線 $y=\dfrac{1}{x}\ (x>0)$ 上の任意の点における接線と x 軸および y 軸との交点をそれぞれ A，B とする。このとき，△OAB の面積は一定であることを示せ。

8. 2つの曲線 $y=e^x$, $y=k\sqrt{x}$ が共有点をもち，その共有点における接線が一致するとき，定数 k の値を求めよ。

9. $x>0$ のとき，次の不等式を証明せよ。

$$x-\frac{x^2}{2}<\log(1+x)<x-\frac{x^2}{2}+\frac{x^3}{3}$$

10. 次の問いに答えよ。

(1) $x>0$ のとき，$\log x<\sqrt{x}$ であることを示せ。

(2) (1)を利用して，$\displaystyle\lim_{x\to\infty}\frac{\log x}{x}=0$ であることを示せ。

(3) 曲線 $y=\dfrac{\log x}{x}$ の概形をかけ。

11. 次の問いに答えよ。

(1) 関数 $f(x)=\dfrac{x^3}{x-1}$ のグラフをかけ。

(2) k を定数とするとき，方程式 $x^3=k(x-1)$ の異なる実数解の個数を調べよ。

12. x が0に近い値のとき，次の関数の1次近似式をつくれ。

(1) $\dfrac{1}{1+x}$　　　(2) $\log(1+x)$

13. 球形の風船があり，その半径が毎秒1mmの割合で増加しているものとする。このとき，風船の表面積および体積は半径が10cmのとき毎秒どんな割合で増加するか。

第 3 章

積分法

…1…

不定積分と定積分

…2…

積分法の応用

曲線で囲まれた部分の面積を求める求積法から発達した積分学は，曲線の接線の研究から発達した微分学と密接に関係している。すなわち，微分法の逆演算の積分法によって図形の面積や体積等が求められることに帰結したのである。

1 不定積分と定積分

1 不定積分

1 不定積分

ある関数を微分して導関数を求めることはすでに学んだ。この節では，微分すると $f(x)$ になる関数について考えてみよう。

微分すると $f(x)$ になる関数，すなわち

$$F'(x)=f(x)$$

となる関数 $F(x)$ を $f(x)$ の **不定積分** または **原始関数** という。

例1 $(x^2)'=2x$ であるから，x^2 は $2x$ の不定積分である。また，

$$(x^2+2)'=2x,\ (x^2-5)'=2x,\ \left(x^2+\frac{1}{4}\right)'=2x$$

であるから，x^2+2，x^2-5，$x^2+\frac{1}{4}$ なども $2x$ の不定積分である。

このように，$2x$ の不定積分は無数にある。

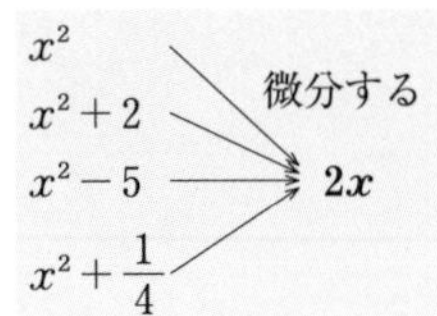

一般に，１つの関数の不定積分は１つとは限らず無数にある。

いま，$F(x)$，$G(x)$ をいずれも $f(x)$ の不定積分とすると

$$F'(x)=f(x),\quad G'(x)=f(x)$$

であるから

$$\{G(x)-F(x)\}'=G'(x)-F'(x)=f(x)-f(x)=0$$

である。ここで，導関数がつねに 0 である関数は定数関数であるから，その定数を C とすると

$$G(x)-F(x)=C$$

よって　$G(x)=F(x)+C$

一般に，$f(x)$ の不定積分の１つを $F(x)$ とすると，任意の不定積分は定数 C を用いて $F(x)+C$ と表すことができる。

$f(x)$ の不定積分は記号 $\int f(x)\,dx$ で表す。このとき

$$\boldsymbol{\int f(x)\,dx = F(x) + C}$$

であり，$f(x)$ を **被積分関数，** x を **積分変数，** C を **積分定数** という。また，$f(x)$ の不定積分を求めることを $f(x)$ を **積分する** という。

今後，とくに断らない限り C は積分定数を表す。

導関数の公式

$$(x^{\alpha+1})' = (\alpha+1)x^{\alpha}, \qquad (\log|x|)' = \frac{1}{x}$$

を逆に用いると，次の不定積分の公式が得られる。

x^{α} の不定積分

$\alpha \neq -1$ のとき　$\displaystyle \boldsymbol{\int x^{\alpha}dx = \frac{1}{\alpha+1}x^{\alpha+1} + C}$

$\alpha = -1$ のとき　$\displaystyle \boldsymbol{\int \frac{1}{x}dx = \log|x| + C}$

注意　$\displaystyle \int \frac{1}{f(x)}dx$ は $\displaystyle \int \frac{dx}{f(x)}$，$\int 1\,dx$ は $\int dx$ と書いてもよい。

例 2　(1)　$\displaystyle \int x^2 dx = \frac{1}{2+1}x^{2+1} + C = \frac{1}{3}x^3 + C$

(2)　$\displaystyle \int \frac{1}{x^3}dx = \int x^{-3}dx = \frac{1}{-3+1}x^{-3+1} + C$

$\displaystyle = -\frac{1}{2}x^{-2} + C = -\frac{1}{2x^2} + C$

(3)　$\displaystyle \int \sqrt[4]{t}\,dt = \int t^{\frac{1}{4}}dt = \frac{1}{\frac{1}{4}+1}t^{\frac{1}{4}+1} + C = \frac{4}{5}t^{\frac{5}{4}} + C = \frac{4}{5}t\sqrt[4]{t} + C$

練習 1　次の不定積分を求めよ。

(1)　$\int x^3 dx$　　(2)　$\int x^{\frac{3}{5}}dx$　　(3)　$\displaystyle \int \frac{1}{x^4}dx$

(4)　$\int \sqrt[4]{x^3}\,dx$　　(5)　$\int t\sqrt{t}\,dt$　　(6)　$\displaystyle \int \frac{dx}{\sqrt{x}}$

2 不定積分の性質

関数の定数倍・和・差の不定積分について，次の性質が成り立つ。

不定積分の性質

$$\int kf(x)\,dx = k\int f(x)\,dx \qquad \text{ただし，}k\text{ は定数}$$

$$\int \{f(x)+g(x)\}\,dx = \int f(x)\,dx + \int g(x)\,dx$$

$$\int \{f(x)-g(x)\}\,dx = \int f(x)\,dx - \int g(x)\,dx$$

例 3 (1) $\int 6x^2\,dx = 6\int x^2\,dx = 6\cdot\frac{1}{3}x^3 + C = 2x^3 + C$

(2) $\int (-x^2+2x+3)\,dx$

$= \int (-x^2)\,dx + \int 2x\,dx + \int 3\,dx = -\int x^2\,dx + 2\int x\,dx + 3\int dx$

$= -\frac{1}{3}x^3 + 2\cdot\frac{1}{2}x^2 + 3x + C = -\frac{1}{3}x^3 + x^2 + 3x + C$

練習 2 次の不定積分を求めよ。

(1) $\int (2x+3)\,dx$　(2) $\int (x^2+x-1)\,dx$　(3) $\int (-3)\,dx$

(4) $\int (-6x^2+8x-5)\,dx$　(5) $\int (x+3)(3x-1)\,dx$

例題 1 不定積分 $\int \frac{x^2-2x+3}{x}\,dx$ を求めよ。

解 $\int \frac{x^2-2x+3}{x}\,dx = \int \left(x-2+\frac{3}{x}\right)dx$

$= \int x\,dx - 2\int dx + 3\int \frac{1}{x}\,dx = \boldsymbol{\frac{1}{2}x^2 - 2x + 3\log|x| + C}$

練習 3 次の不定積分を求めよ。

(1) $\int \frac{3x-1}{x^2}\,dx$　(2) $\int \frac{x-2}{\sqrt{x}}\,dx$　(3) $\int \frac{(\sqrt{x}+1)^2}{x}\,dx$

3 三角関数の不定積分

三角関数の不定積分について考えてみよう。

77ページで学んだように

$$(\sin x)' = \cos x, \qquad (\cos x)' = -\sin x,$$

$$(\tan x)' = \frac{1}{\cos^2 x}, \qquad \left(\frac{1}{\tan x}\right)' = -\frac{1}{\sin^2 x}$$

であるから，次の公式が得られる。

三角関数の不定積分

$$\int \sin x\, dx = -\cos x + C \qquad \int \cos x\, dx = \sin x + C$$

$$\int \frac{1}{\cos^2 x} dx = \tan x + C \qquad \int \frac{1}{\sin^2 x} dx = -\frac{1}{\tan x} + C$$

例4 (1) $\displaystyle\int (1 + \cos x)\, dx = x + \sin x + C$

(2) $$\int \frac{2 + \sin^3 x}{\sin^2 x} dx = \int \left(\frac{2}{\sin^2 x} + \sin x\right) dx$$

$$= -\frac{2}{\tan x} - \cos x + C$$

例5 $1 + \tan^2 x = \dfrac{1}{\cos^2 x}$ であるから，$\tan^2 x = \dfrac{1}{\cos^2 x} - 1$

これを利用すると

$$\int \tan^2 x\, dx = \int \left(\frac{1}{\cos^2 x} - 1\right) dx$$

$$= \tan x - x + C$$

練習4 次の不定積分を求めよ。

(1) $\displaystyle\int (\sin x - 5\cos x)\, dx$　　(2) $\displaystyle\int (\tan^2 x - 1)\, dx$

(3) $\displaystyle\int \frac{\tan^2 x + 2}{\sin^2 x} dx$　　(4) $\displaystyle\int \frac{1}{\tan^2 x} dx$

4 指数関数の不定積分

指数関数の不定積分について考えてみよう。

83ページで学んだように

$$(e^x)' = e^x, \qquad (a^x)' = a^x \log a$$

であるから，次の公式が得られる。

指数関数の不定積分

$$\int e^x dx = e^x + C \qquad \int a^x dx = \frac{a^x}{\log a} + C$$

例6 (1) $\displaystyle\int (e^x + 3^x)\, dx = e^x + \frac{3^x}{\log 3} + C$

(2) $\displaystyle\int e^{x+2} dx = \int e^x \cdot e^2 dx$

$\qquad = e^2 \cdot e^x + C = e^{x+2} + C$

練習5 次の不定積分を求めよ。

(1) $\displaystyle\int 5^x dx$　(2) $\displaystyle\int (2e^x - 2^x)\, dx$　(3) $\displaystyle\int (10^x \log 10 - x^4)\, dx$

微分法の逆を考えて，$\displaystyle\int e^{2x} dx$ や $\displaystyle\int \cos 3x\, dx$ を求めてみよう。

合成関数の微分法により，

$$(e^{2x})' = (e^{2x})(2x)' = 2e^{2x}$$

であるから

$$\int e^{2x} dx = \frac{1}{2} e^{2x} + C$$

また，$(\sin 3x)' = (\cos 3x)(3x)' = 3\cos 3x$ であるから

$$\int \cos 3x\, dx = \frac{1}{3} \sin 3x + C$$

練習6 次の不定積分を求めよ。

(1) $\displaystyle\int e^{3x} dx$　(2) $\displaystyle\int \sin 2x\, dx$　(3) $\displaystyle\int e^{-\frac{1}{2}x} dx$

2 置換積分法と部分積分法

1 置換積分法 I

積分変数を置き換えることによって，不定積分を求めてみよう。

$$y=\int f(x)\,dx$$

において $x=g(t)$ と置き換えると，y は t の関数となり，合成関数の微分法より

$$\frac{dy}{dt}=\frac{dy}{dx}\cdot\frac{dx}{dt}=f(x)\cdot g'(t)=f(g(t))g'(t)$$

である。ゆえに　$y=\int f(g(t))g'(t)\,dt$

よって，次の **置換積分法** の公式が得られる。

置換積分法 I

$x=g(t)$ とおくと　$\displaystyle \int \boldsymbol{f(x)\,dx}=\int \boldsymbol{f(g(t))g'(t)\,dt}$

$x=g(t)$ とおくと $\dfrac{dx}{dt}=g'(t)$ であるから，上の公式は

$$\int f(x)\,dx=\int f(g(t))\frac{dx}{dt}\,dt$$

と表すことができる。

$x=g(t)$ のとき，形式的に
$dx=\dfrac{dx}{dt}dt=g'(t)\,dt$
と考えるとよい

例題 2　不定積分 $\int (2x-1)^5\,dx$ を求めよ。

解　$2x-1=t$ すなわち $x=\dfrac{t+1}{2}$ とおくと，$\dfrac{dx}{dt}=\dfrac{1}{2}$ より

$$\int (2x-1)^5\,dx=\int t^5\frac{1}{2}\,dt=\frac{t^6}{12}+C$$

$dx=\dfrac{1}{2}dt$

$$=\boldsymbol{\frac{1}{12}(2x-1)^6+C}$$

練習 7　置換積分法を用いて，次の不定積分を求めよ。

(1) $\int (3x-5)^4\,dx$　　(2) $\int \sqrt{5x+1}\,dx$

$f(x)$ の不定積分の1つを $F(x)$ とし，置換積分法を用いて $f(ax+b)$ の不定積分を求めてみよう。a，b は定数で $a \neq 0$ とする。

$ax+b=t$ すなわち $x=\dfrac{t-b}{a}$ とおくと，$\dfrac{dx}{dt}=\dfrac{1}{a}$ より　　$dx=\dfrac{1}{a}dt$

$$\int f(ax+b)\,dx=\int f(t)\frac{1}{a}dt=\frac{1}{a}F(t)+C=\frac{1}{a}F(ax+b)+C$$

よって，次の公式を得る。

$f(ax+b)$ の不定積分

$$\int f(ax+b)\,dx=\frac{1}{a}F(ax+b)+C$$

例7　$\displaystyle\int \sin(3x+1)\,dx=-\frac{1}{3}\cos(3x+1)+C$

練習8　次の不定積分を求めよ。

(1) $\displaystyle\int\frac{dx}{2x+3}$　　(2) $\displaystyle\int\cos\left(\frac{1}{2}x-5\right)dx$　　(3) $\displaystyle\int e^{-3x+2}dx$

例題3　不定積分 $\displaystyle\int x\sqrt{2x+1}\,dx$ を求めよ。

解　$\sqrt{2x+1}=t$ すなわち $x=\dfrac{t^2-1}{2}$ とおくと，$\dfrac{dx}{dt}=t$ より

$$\int x\sqrt{2x+1}\,dx=\int\frac{t^2-1}{2}\cdot t\cdot t\,dt$$

$dx=t\,dt$

$$=\frac{1}{2}\int(t^4-t^2)\,dt=\frac{1}{10}t^5-\frac{1}{6}t^3+C$$

$$=\frac{1}{30}t^3(3t^2-5)+C=\frac{1}{30}(\sqrt{2x+1})^3\{3(2x+1)-5\}+C$$

$$=\boldsymbol{\frac{1}{15}(2x+1)(3x-1)\sqrt{2x+1}+C}$$

練習9　例題3で，$2x+1=t$ とおいて不定積分を求めよ。

練習10　次の不定積分を求めよ。

(1) $\displaystyle\int(x+2)\sqrt{x-1}\,dx$　　(2) $\displaystyle\int\frac{2x}{\sqrt{x-1}}dx$

2 置換積分法 II

119 ページの置換積分法の公式において，左辺と右辺を交換して，x と t の文字をいれかえると，次の公式が得られる。

置換積分法 II

$$\boldsymbol{g(x)=t} \quad \text{とおくと} \quad \boldsymbol{\int f(g(x))g'(x)\,dx=\int f(t)\,dt}$$

上の公式は，$g(x)=t$ より $\dfrac{dt}{dx}=g'(x)$ であるから

$$\int f(g(x))\,g'(x)\,dx=\int f(g(x))\,\frac{dt}{dx}\,dx=\int f(t)\,dt$$

と表すことができる。

例題 4 次の不定積分を求めよ。

(1) $\displaystyle\int(x^2+x-3)^2(2x+1)\,dx$　　(2) $\displaystyle\int\sin^3 x\cos x\,dx$

解 (1) $x^2+x-3=t$ とおくと，$\dfrac{dt}{dx}=2x+1$ より

$$\int(x^2+x-3)^2(2x+1)\,dx$$

$(2x+1)\,dx=\dfrac{dt}{dx}dx=dt$

$$=\int t^2dt=\frac{1}{3}t^3+C=\boldsymbol{\frac{1}{3}(x^2+x-3)^3+C}$$

(2) $\sin x=t$ とおくと，$\dfrac{dt}{dx}=\cos x$ より

$$\int\sin^3 x\cos x\,dx$$

$\cos x\,dx=\dfrac{dt}{dx}dx=dt$

$$=\int t^3dt=\frac{1}{4}t^4+C=\boldsymbol{\frac{1}{4}\sin^4 x+C}$$

練習11 次の不定積分を求めよ。

(1) $\displaystyle\int(x^2+5x+1)^3(2x+5)\,dx$　　(2) $\displaystyle\int\cos^5 x\sin x\,dx$

(3) $\displaystyle\int xe^{x^2}dx$　　(4) $\displaystyle\int(2e^x-1)^2e^x\,dx$

練習12　$\alpha \neq -1$ のとき，$\displaystyle\int\{f(x)\}^{\alpha}f'(x)\,dx=\frac{1}{\alpha+1}\{f(x)\}^{\alpha+1}+C$ が成り立つことを示せ。

3 $\dfrac{g'(x)}{g(x)}$ の不定積分

不定積分 $\displaystyle\int\frac{g'(x)}{g(x)}dx$ は，$g(x)=t$ とおくと，$\dfrac{dt}{dx}=g'(x)$ であるから

$$\int\frac{g'(x)}{g(x)}dx=\int\frac{1}{g(x)}g'(x)\,dx$$

$g'(x)\,dx=\dfrac{dt}{dx}dx=dt$

$$=\int\frac{1}{t}dt=\log|t|+C$$

$$=\log|g(x)|+C$$

$\dfrac{g'(x)}{g(x)}$ の不定積分

$$\int\frac{g'(x)}{g(x)}dx=\log|g(x)|+C$$

例題 5　次の不定積分を求めよ。

(1) $\displaystyle\int\frac{2x}{x^2+1}dx$　　(2) $\displaystyle\int\tan x\,dx$

解 (1) $\displaystyle\int\frac{2x}{x^2+1}dx=\int\frac{(x^2+1)'}{x^2+1}dx=\log|x^2+1|+C$

$$=\boldsymbol{\log(x^2+1)+C}$$

(2) $\displaystyle\int\tan x\,dx=\int\frac{\sin x}{\cos x}dx=-\int\frac{(\cos x)'}{\cos x}dx$

$$=\boldsymbol{-\log|\cos x|+C}$$

練習13　次の不定積分を求めよ。

(1) $\displaystyle\int\frac{x}{x^2-1}dx$　　(2) $\displaystyle\int\frac{1}{\tan x}dx$

(3) $\displaystyle\int\frac{e^x}{e^x-1}dx$　　(4) $\displaystyle\int\frac{1}{x\log x}dx$

4 部分積分法

69ページで学んだ積の微分法の公式から

$$\{f(x)g(x)\}' = f'(x)g(x) + f(x)g'(x)$$

したがって，$f(x)g(x)$ は右辺の関数の不定積分である。

よって

$$f(x)g(x) = \int\{f'(x)g(x) + f(x)g'(x)\}dx$$

$$= \int f'(x)g(x)\,dx + \int f(x)g'(x)\,dx$$

が成り立つ。この等式から次の部分積分法の公式が得られる。

部分積分法

$$\int f(x)g'(x)\,dx = f(x)g(x) - \int f'(x)g(x)\,dx$$

上の公式は，次のようになっている。

そのまま　　微分する

$$\int ● ▲'\,dx = ●▲ - \int ●'\,▲\,dx$$

積分する　　そのまま

例8

$$\int x\cos x\,dx = \int x(\sin x)'\,dx$$

$$= x\sin x - \int (x)'\sin x\,dx$$

$$= x\sin x - \int \sin x\,dx$$

$$= x\sin x + \cos x + C$$

練習14 次の不定積分を求めよ。

(1) $\int x\sin x\,dx$　　(2) $\int x\cos 2x\,dx$

(3) $\int xe^{x}\,dx$　　(4) $\int xe^{-x}\,dx$

例題 6 不定積分 $\int \log x\,dx$ を求めよ。

解 $\int \log x\,dx = \int (x)' \log x\,dx$

$= x\log x - \int x(\log x)'\,dx$

$= x\log x - \int x \cdot \frac{1}{x}\,dx = x\log x - \int dx = \boldsymbol{x\log x - x + C}$

$\int \log x\,dx = \int 1 \cdot \log x\,dx$ と考える

練習15 次の不定積分を求めよ。

(1) $\int \log 3x\,dx$ (2) $\int x\log x\,dx$ (3) $\int \log(x+1)\,dx$

例題 7 不定積分 $\int e^x \sin x\,dx$ を求めよ。

解 $\int e^x \sin x\,dx = \int (e^x)' \sin x\,dx = e^x \sin x - \int e^x (\sin x)'\,dx$

$= e^x \sin x - \int e^x \cos x\,dx$

$= e^x \sin x - \int (e^x)' \cos x\,dx$

$= e^x \sin x - \left\{e^x \cos x - \int e^x (\cos x)'\,dx\right\}$

$= e^x \sin x - e^x \cos x - \int e^x \sin x\,dx$

したがって　$2\int e^x \sin x\,dx = e^x(\sin x - \cos x) + C_1$

よって　$\int e^x \sin x\,dx = \boldsymbol{\frac{1}{2}e^x(\sin x - \cos x) + C}$

$\left(\text{ただし，} C_1,\ C \text{ は積分定数で，} C = \frac{1}{2}C_1\right)$

練習16 不定積分 $\int e^x \cos x\,dx$ を求めよ。

3 いろいろな関数の不定積分

1 分数関数の不定積分

例題 8 次の不定積分を求めよ。

(1) $\displaystyle\int\frac{x^2+x}{x-1}dx$　　(2) $\displaystyle\int\frac{x-2}{x(x-1)}dx$

解 (1) $\displaystyle\frac{x^2+x}{x-1}=\frac{(x-1)(x+2)+2}{x-1}$

$$=x+2+\frac{2}{x-1}$$

分子の次数を下げる

$$\begin{array}{r} x+2 \\ x-1\,\big)\,\overline{x^2+x} \\ \underline{x^2-x} \\ 2x \\ \underline{2x-2} \\ 2 \end{array}$$

であるから

$$\int\frac{x^2+x}{x-1}dx=\int\left(x+2+\frac{2}{x-1}\right)dx$$

$$=\boldsymbol{\frac{1}{2}x^2+2x+2\log|x-1|+C}$$

(2) $\displaystyle\frac{x-2}{x(x-1)}=\frac{a}{x}+\frac{b}{x-1}$

部分分数に分ける

とおく。両辺に $x(x-1)$ を掛けて，右辺を整理すると

$$x-2=(a+b)x-a$$

両辺の係数を比較して

$a+b=1,\ a=2$　　ゆえに　　$a=2,\ b=-1$

よって

$$\int\frac{x-2}{x(x-1)}dx=\int\left(\frac{2}{x}-\frac{1}{x-1}\right)dx$$

$$=2\log|x|-\log|x-1|+C$$

$$=\boldsymbol{\log\frac{x^2}{|x-1|}+C}$$

練習 17 次の不定積分を求めよ。

(1) $\displaystyle\int\frac{x^2+1}{x-2}dx$　　(2) $\displaystyle\int\frac{1}{x(x+1)}dx$　　(3) $\displaystyle\int\frac{-x+7}{x^2+x-6}dx$

2 三角関数の不定積分

三角関数の公式を用いて，式を変形し，三角関数の不定積分を求めてみよう。

例題 9 次の不定積分を求めよ。

(1) $\int \sin^2 x\,dx$　　(2) $\int \sin 3x \cos 2x\,dx$

解 (1) 2倍角の公式から

$$\cos 2x = 1 - 2\sin^2 x$$

この式を変形すると

$$\sin^2 x = \frac{1-\cos 2x}{2}$$

であるから

$$\int \sin^2 x\,dx = \frac{1}{2}\int (1-\cos 2x)\,dx$$

$$= \boldsymbol{\frac{1}{2}x - \frac{1}{4}\sin 2x + C}$$

半角の公式より
$\sin^2 x = \dfrac{1-\cos 2x}{2}$
としてもよい

(2) 積和の公式より

$$\sin 3x \cos 2x$$

$$= \frac{1}{2}(\sin 5x + \sin x)$$

$\sin\alpha\cos\beta = \dfrac{1}{2}\{\sin(\alpha+\beta)+\sin(\alpha-\beta)\}$

であるから

$$\int \sin 3x \cos 2x\,dx = \frac{1}{2}\int (\sin 5x + \sin x)\,dx$$

$$= \boldsymbol{-\frac{1}{10}\cos 5x - \frac{1}{2}\cos x + C}$$

練習18 次の不定積分を求めよ。

(1) $\int \cos^2 x\,dx$　　(2) $\int \sin^2 2x\,dx$

(3) $\int \cos 3x \sin x\,dx$　　(4) $\int \sin 2x \sin x\,dx$

3 いろいろな関数の不定積分

置換積分法を応用して，いろいろな関数の不定積分を求めてみよう。

例題 10 次の不定積分を求めよ。

(1) $\displaystyle\int \sin^3 x\,dx$　　　(2) $\displaystyle\int \frac{1}{e^x+1}\,dx$

解 (1) $\sin^3 x = \sin^2 x \sin x = (1-\cos^2 x)\sin x$ であり，

$\cos x = t$ とおくと，$\dfrac{dt}{dx} = -\sin x$　であるから

$$\int \sin^3 x\,dx = \int (1-\cos^2 x)\sin x\,dx$$

$\sin x\,dx = -dt$

$$= -\int (1-t^2)\,dt$$

$$= \frac{1}{3}t^3 - t + C$$

$$= \boldsymbol{\frac{1}{3}\cos^3 x - \cos x + C}$$

(2) $e^x + 1 = t$ とおくと，$\dfrac{dt}{dx} = e^x$　であるから

$$\int \frac{1}{e^x+1}\,dx = \int \frac{1}{t(t-1)}\,dt$$

$dx = \dfrac{1}{e^x}dt = \dfrac{1}{t-1}dt$

$$= \int \left(\frac{1}{t-1} - \frac{1}{t}\right)dt$$

$$= \log|t-1| - \log|t| + C$$

$$= \log\left|\frac{t-1}{t}\right| + C$$

$$= \boldsymbol{\log\frac{e^x}{e^x+1} + C}$$

練習19 次の不定積分を求めよ。

(1) $\displaystyle\int \cos^3 x\,dx$　　　(2) $\displaystyle\int \frac{1}{e^{2x}-1}\,dx$

4 定積分

1 定積分

関数 $f(x)$ の1つの不定積分を $F(x)$ とするとき，$F(x)$ の a から b までの変化量 $F(b)-F(a)$ について考えてみよう。

たとえば，関数 $f(x)=2x+4$ の任意の原始関数は

$$F(x)=\int(2x+4)\,dx=x^2+4x+C$$

である。この $F(x)$ において，$x=1$ から $x=2$ までの変化の値は

$$F(2)-F(1)=(2^2+4\cdot2+C)-(1^2+4\cdot1+C)=7$$

となり，$F(2)-F(1)$ は積分定数 C を含まない値になる。

一般に，$f(x)$ の任意の不定積分を $G(x)$ とすると

$$G(x)=F(x)+C$$

と表される。したがって，$G(x)$ の a から b までの変化量 $G(b)-G(a)$ は

$$\begin{aligned}G(b)-G(a)&=\{F(b)+C\}-\{F(a)+C\}\\&=F(b)-F(a)\end{aligned}$$

となるから，$G(b)-G(a)$ の値は積分定数 C に関係なく一定の値 $F(b)-F(a)$ となる。

この一定の値 $F(b)-F(a)$ を関数 $f(x)$ の a から b までの **定積分** といい

$$\int_a^b f(x)\,dx$$

で表す。このとき，a を **下端**，b を **上端** という。また，この定積分を求めることを，$f(x)$ を **a から b まで積分する** という。

なお，$F(b)-F(a)$ を記号 $\Big[F(x)\Big]_a^b$ で表すと，次のように書くことができる。

定積分

$f(x)$ の不定積分の1つを $F(x)$ とすると

$$\int_a^b f(x)\,dx=\Big[F(x)\Big]_a^b=F(b)-F(a)$$

2 定積分の計算

例9 (1) $\displaystyle\int_1^2 x^2\,dx = \left[\frac{1}{3}x^3\right]_1^2 = \frac{1}{3}\cdot 2^3 - \frac{1}{3}\cdot 1^3 = \frac{8}{3} - \frac{1}{3} = \frac{7}{3}$

(2) $\displaystyle\int_0^2 (3x^2-2x+1)\,dx = \left[x^3 - x^2 + x\right]_0^2$

$$= (2^3 - 2^2 + 2) - (0^3 - 0^2 + 0)$$

$$= (8-4+2) - 0 = 6$$

(3) $\displaystyle\int_1^4 x(x+2)\,dx = \int_1^4 (x^2+2x)\,dx = \left[\frac{1}{3}x^3 + x^2\right]_1^4$

$$= \left(\frac{64}{3} + 16\right) - \left(\frac{1}{3} + 1\right) = 36$$

練習20 次の定積分を求めよ。

(1) $\displaystyle\int_0^2 x^3\,dx$　　(2) $\displaystyle\int_{-2}^2 (x+2)\,dx$

(3) $\displaystyle\int_1^2 (3x^2-8x+5)\,dx$　　(4) $\displaystyle\int_{-1}^1 x(x-2)\,dx$

(5) $\displaystyle\int_{-1}^3 (x+1)(x-3)\,dx$　　(6) $\displaystyle\int_0^3 (t-1)^2\,dt$

(7) $\displaystyle\int_{-3}^1 (x+1)^3\,dx$　　(8) $\displaystyle\int_{-2}^2 x(x+1)(x-1)\,dx$

例10 (1) $\displaystyle\int_1^4 \sqrt{x}\,dx = \left[\frac{2}{3}x\sqrt{x}\right]_1^4 = \frac{2}{3}(8-1) = \frac{14}{3}$

(2) $\displaystyle\int_0^\pi \sin t\,dt = \left[-\cos t\right]_0^\pi = -(-1-1) = 2$

(3) $\displaystyle\int_0^1 e^{2x}\,dx = \left[\frac{1}{2}e^{2x}\right]_0^1 = \frac{1}{2}(e^2-1)$

練習21 次の定積分を求めよ。

(1) $\displaystyle\int_1^4 \frac{1}{\sqrt{x}}\,dx$　　(2) $\displaystyle\int_0^\pi \cos t\,dt$　　(3) $\displaystyle\int_1^e \frac{1}{u}\,du$

(4) $\displaystyle\int_0^1 \sqrt[3]{x^2}\,dx$　　(5) $\displaystyle\int_0^{\frac{\pi}{4}} \frac{dx}{\cos^2 x}$　　(6) $\displaystyle\int_{-1}^0 \frac{dx}{e^x}$

(7) $\displaystyle\int_0^1 e^{x-1}\,dx$　　(8) $\displaystyle\int_1^2 2^x\,dx$　　(9) $\displaystyle\int_0^{\frac{\pi}{2}} \sin^2 x\,dx$

定積分については次の公式が成り立つ。

定積分の公式

[1] $\displaystyle\int_a^b kf(x)\,dx = k\int_a^b f(x)\,dx$　　ただし，k は定数

[2] $\displaystyle\int_a^b \{f(x)+g(x)\}\,dx = \int_a^b f(x)\,dx + \int_a^b g(x)\,dx$

[3] $\displaystyle\int_a^b \{f(x)-g(x)\}\,dx = \int_a^b f(x)\,dx - \int_a^b g(x)\,dx$

例11

$$\int_0^1 (e^x+e^{-x})\,dx + \int_0^1 (e^x-e^{-x})\,dx$$

$$=\int_0^1 \{(e^x+e^{-x})+(e^x-e^{-x})\}\,dx$$

$$=2\int_0^1 e^x\,dx = 2\Big[e^x\Big]_0^1 = 2(e-1)$$

練習22　次の定積分を求めよ。

(1) $\displaystyle\int_0^{\pi} (2\cos x-\sin x)\,dx - \int_0^{\pi} (\cos x+2\sin x)\,dx$

(2) $\displaystyle\int_1^2 \frac{3x}{x^2-x+1}\,dx + \int_1^2 \frac{x-2}{x^2-x+1}\,dx$

定積分の性質

[1] $\displaystyle\int_a^a f(x)\,dx = 0$　　[2] $\displaystyle\int_b^a f(x)\,dx = -\int_a^b f(x)\,dx$

[3] $\displaystyle\int_a^b f(x)\,dx = \int_a^c f(x)\,dx + \int_c^b f(x)\,dx$

例12

$$\int_0^{\frac{\pi}{3}} \cos x\,dx + \int_{\frac{\pi}{3}}^{2\pi} \cos x\,dx$$

$$=\int_0^{2\pi} \cos x\,dx = \Big[\sin x\Big]_0^{2\pi} = \sin 2\pi - \sin 0 = 0$$

練習23　次の定積分を求めよ。

(1) $\displaystyle\int_0^{\frac{\pi}{5}} \sin x\,dx + \int_{\frac{\pi}{5}}^{\frac{\pi}{2}} \sin x\,dx$　　(2) $\displaystyle\int_1^2 (x^3-x+1)\,dx + \int_2^1 (x^3-x)\,dx$

(3) $\displaystyle\int_1^e \left(x+\frac{1}{x}\right)dx + \int_e^{2e} \left(x+\frac{1}{x}\right)dx$

5 定積分の置換積分法・部分積分法

1 定積分の置換積分法

不定積分の置換積分法では，次のことを学んだ。

$$x=g(t)\ とおくと\ \int f(x)\,dx=\int f(g(t))g'(t)\,dt$$

ここで，$f(x)$ の不定積分の1つを $F(x)$ とすると

$$\int f(x)\,dx=F(x)+C$$

であるから

$$\int f(g(t))g'(t)\,dt=F(x)+C$$
$$=F(g(t))+C$$

となる。

いま，$x=g(t)$ において，t が α から β まで変わるとき，x が a から b まで変わるとする。このとき

$$\int_\alpha^\beta f(g(t))g'(t)\,dt$$
$$=\Big[F(g(t))\Big]_\alpha^\beta$$
$$=F(g(\beta))-F(g(\alpha))=F(b)-F(a)$$
$$=\int_a^b f(x)\,dx$$

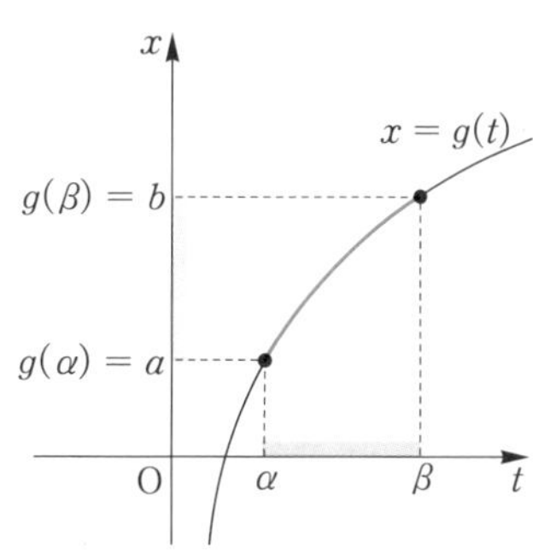

x	$a \longrightarrow b$
t	$\alpha \longrightarrow \beta$

すなわち，次の公式が成り立つ。

定積分の置換積分法

$x=g(t)$ とおくとき，$a=g(\alpha)$，$b=g(\beta)$ ならば

$$\boldsymbol{\int_a^b f(x)\,dx=\int_\alpha^\beta f(g(t))g'(t)\,dt}$$

x	$a \longrightarrow b$
t	$\alpha \longrightarrow \beta$

例題 11 定積分 $\int_0^1 x\sqrt{1-x}\,dx$ を求めよ。

解 $\sqrt{1-x}=t$ すなわち $x=1-t^2$

とおくと $\dfrac{dx}{dt}=-2t$

x と t の対応は右の表のようになる。

x	$0 \longrightarrow 1$
t	$1 \longrightarrow 0$

よって

$$\int_0^1 x\sqrt{1-x}\,dx=\int_1^0 (1-t^2)\,t\,(-2t)\,dt$$

$dx=-2t\,dt$

$$=2\int_0^1 (t^2-t^4)\,dt=2\left[\frac{t^3}{3}-\frac{t^5}{5}\right]_0^1=2\left(\frac{1}{3}-\frac{1}{5}\right)=\boldsymbol{\frac{4}{15}}$$

練習24 次の定積分を求めよ。

(1) $\int_0^1 x(2x-1)^4\,dx$　　(2) $\int_0^1 \dfrac{t}{(t+1)^3}\,dt$

例題 12 定積分 $\int_0^{\frac{\pi}{2}} \sin x\cos^3 x\,dx$ を求めよ。

解 $\cos x=t$ とおくと $\dfrac{dt}{dx}=-\sin x$

x と t の対応は右の表のようになる。

x	$0 \longrightarrow \dfrac{\pi}{2}$
t	$1 \longrightarrow 0$

よって

$$\int_0^{\frac{\pi}{2}} \sin x\cos^3 x\,dx=-\int_0^{\frac{\pi}{2}} (\cos x)^3(-\sin x)\,dx$$

$-\sin x\,dx=dt$

$$=-\int_1^0 t^3\,dt=\int_0^1 t^3\,dt=\left[\frac{t^4}{4}\right]_0^1=\boldsymbol{\frac{1}{4}}$$

練習25 次の定積分を求めよ。

(1) $\int_0^{\frac{\pi}{2}} \cos x\sin^4 x\,dx$　　(2) $\int_0^{\frac{\pi}{2}} e^{\cos x}\sin x\,dx$

例題 13 定積分 $\int_0^a \sqrt{a^2-x^2}\,dx$ を求めよ。ただし，$a>0$ とする。

解 $x=a\sin\theta$ とおくと $\dfrac{dx}{d\theta}=a\cos\theta$

x と θ の対応は右の表のようになる。

x	$0 \longrightarrow a$
θ	$0 \longrightarrow \frac{\pi}{2}$

$0 \leqq \theta \leqq \dfrac{\pi}{2}$ のとき $\cos\theta \geqq 0$ であるから

$$\sqrt{a^2-x^2}=\sqrt{a^2(1-\sin^2\theta)}=a\sqrt{\cos^2\theta}=a\cos\theta$$

よって $\int_0^a \sqrt{a^2-x^2}\,dx$　　　$dx=a\cos\theta d\theta$

$$=\int_0^{\frac{\pi}{2}} a\cos\theta\cdot a\cos\theta d\theta$$

$$=\int_0^{\frac{\pi}{2}} a^2\cos^2\theta d\theta$$

$$=a^2\int_0^{\frac{\pi}{2}} \frac{1+\cos 2\theta}{2}d\theta$$

$$=\frac{a^2}{2}\left[\theta+\frac{1}{2}\sin 2\theta\right]_0^{\frac{\pi}{2}}=\boldsymbol{\frac{1}{4}\pi a^2}$$

なお，関数 $y=\sqrt{a^2-x^2}$ のグラフは，右の図の円の上半分であるから，例題 13 の定積分の値は，網かけの部分の面積を表していて，半径 a の面積の $\dfrac{1}{4}$ である（定積分と面積については 2 節「積分法の応用」を参照）。

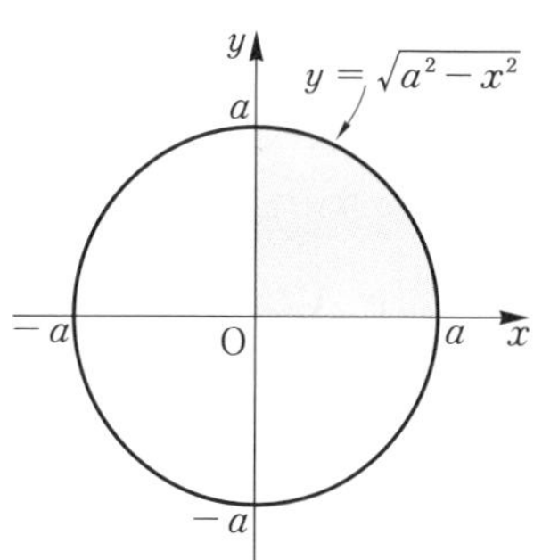

練習 26 次の定積分を求めよ。

(1) $\int_0^{\frac{1}{2}} \sqrt{1-x^2}\,dx$　　(2) $\int_0^1 \frac{1}{\sqrt{4-t^2}}\,dt$

(3) $\int_{-1}^{\sqrt{2}} \sqrt{4-x^2}\,dx$

例題 14 定積分 $\displaystyle\int_0^1 \frac{1}{1+x^2}\,dx$ を求めよ。

解 $x=\tan\theta$ とおくと $\dfrac{dx}{d\theta}=\dfrac{1}{\cos^2\theta}$

x と θ の対応は右の表のようになる。

x	$0 \longrightarrow 1$
θ	$0 \longrightarrow \dfrac{\pi}{4}$

また，$\dfrac{1}{1+x^2}=\dfrac{1}{1+\tan^2\theta}=\cos^2\theta$

であるから

$$\int_0^1 \frac{1}{1+x^2}\,dx \qquad dx=\frac{1}{\cos^2\theta}\,d\theta$$

$$=\int_0^{\frac{\pi}{4}} \cos^2\theta\cdot\frac{1}{\cos^2\theta}\,d\theta$$

$$=\int_0^{\frac{\pi}{4}} d\theta=\Big[\theta\Big]_0^{\frac{\pi}{4}}=\boldsymbol{\frac{\pi}{4}}$$

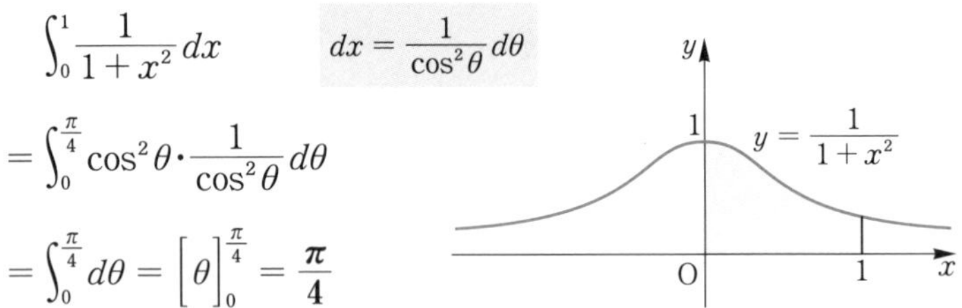

（別解） 79ページの逆三角関数の導関数の公式 $(\mathrm{Tan}^{-1}x)'=\dfrac{1}{1+x^2}$ から導ける $\displaystyle\int \frac{1}{1+x^2}\,dx=\mathrm{Tan}^{-1}x$ を用いると，次のように計算できる。

$$\int_0^1 \frac{1}{1+x^2}\,dx=\Big[\mathrm{Tan}^{-1}x\Big]_0^1=\frac{\pi}{4}-0=\frac{\pi}{4}$$

練習27 次の定積分を求めよ。

(1) $\displaystyle\int_0^3 \frac{1}{9+x^2}\,dx$ (2) $\displaystyle\int_{-1}^{\sqrt{3}} \frac{1}{x^2+3}\,dx$

練習28 次の問いに答えよ。

(1) $\tan\dfrac{x}{2}=t$ であるとき，次の式が成り立つことを示せ。

$$\sin x=\frac{2t}{1+t^2},\qquad \cos x=\frac{1-t^2}{1+t^2},\qquad \frac{dx}{dt}=\frac{2}{1+t^2}$$

(2) (1)を利用して，定積分 $\displaystyle\int_0^{\frac{2}{3}\pi} \frac{1}{1+\sin x}\,dx$ を求めよ。

2 定積分の部分積分法

123ページで学んだ不定積分の部分積分法の公式

$$\int f(x)g'(x)\,dx = f(x)g(x) - \int f'(x)g(x)\,dx$$

から，次の公式が得られる。

定積分の部分積分法

$$\int_a^b f(x)g'(x)\,dx = \Big[f(x)g(x)\Big]_a^b - \int_a^b f'(x)g(x)\,dx$$

例題 15 定積分 $\int_1^e 2x\log x\,dx$ を求めよ。

解

$$\begin{aligned}\int_1^e 2x\log x\,dx &= \int_1^e (x^2)'\log x\,dx \\ &= \Big[x^2\log x\Big]_1^e - \int_1^e x^2\cdot\frac{1}{x}\,dx \\ &= e^2 - \int_1^e x\,dx \\ &= e^2 - \left[\frac{x^2}{2}\right]_1^e \\ &= \mathbf{\frac{1}{2}(e^2+1)}\end{aligned}$$

練習29 次の定積分を求めよ。

(1) $\int_0^{\frac{\pi}{2}} x\cos x\,dx$　　(2) $\int_0^1 xe^x\,dx$

(3) $\int_1^e x^2\log x\,dx$　　(4) $\int_1^e \frac{\log x}{x^2}\,dx$

練習30 部分積分法を用いて，次の等式が成り立つことを示せ。

(1) $\int_\alpha^\beta (x-\alpha)(x-\beta)\,dx = -\frac{(\beta-\alpha)^3}{6}$

(2) $\int_\alpha^\beta (x-\alpha)(x-\beta)^2\,dx = \frac{1}{12}(\beta-\alpha)^4$

例題 16　n が 0 以上の整数であるとき，$I_n=\int_0^{\frac{\pi}{2}}\sin^n x\,dx$ とすると

$$I_n=\begin{cases}\dfrac{n-1}{n}\cdot\dfrac{n-3}{n-2}\cdot\cdots\cdots\cdot\dfrac{3}{4}\cdot\dfrac{1}{2}\cdot\dfrac{\pi}{2} & (n\text{ は 2 以上の偶数})\\[2mm] \dfrac{n-1}{n}\cdot\dfrac{n-3}{n-2}\cdot\cdots\cdots\cdot\dfrac{4}{5}\cdot\dfrac{2}{3}\cdot 1 & (n\text{ は 3 以上の奇数})\end{cases}$$

が成り立つことを証明せよ。

証明　$n\geqq 2$ のとき

$$\begin{aligned}I_n&=\int_0^{\frac{\pi}{2}}\sin^n x\,dx=\int_0^{\frac{\pi}{2}}\sin x\sin^{n-1}x\,dx\\&=\int_0^{\frac{\pi}{2}}(-\cos x)'\sin^{n-1}x\,dx\\&=\Big[-\cos x\sin^{n-1}x\Big]_0^{\frac{\pi}{2}}+(n-1)\int_0^{\frac{\pi}{2}}\sin^{n-2}x\cos^2 x\,dx\\&=(n-1)\int_0^{\frac{\pi}{2}}\sin^{n-2}x(1-\sin^2 x)\,dx\\&=(n-1)\int_0^{\frac{\pi}{2}}\sin^{n-2}x\,dx-(n-1)\int_0^{\frac{\pi}{2}}\sin^n x\,dx\\&=(n-1)I_{n-2}-(n-1)I_n\end{aligned}$$

したがって，$I_n=\dfrac{n-1}{n}I_{n-2}$ が成り立つ。

ここで，$I_0=\int_0^{\frac{\pi}{2}}dx=\dfrac{\pi}{2}$，$I_1=\int_0^{\frac{\pi}{2}}\sin x\,dx=\Big[-\cos x\Big]_0^{\frac{\pi}{2}}=1$ より，

$I_{n-2}=\dfrac{n-3}{n-2}I_{n-4}$，$I_{n-4}=\dfrac{n-5}{n-4}I_{n-6}$，…… を順次代入して

n が 2 以上の偶数のとき

$$I_n=\frac{n-1}{n}\cdot\frac{n-3}{n-2}\cdot\cdots\cdots\cdot\frac{3}{4}\cdot\frac{1}{2}\cdot\frac{\pi}{2}$$

n が偶数のときの末尾
$I_4=\dfrac{3}{4}\cdot\dfrac{1}{2}\cdot I_0=\dfrac{3}{4}\cdot\dfrac{1}{2}\cdot\dfrac{\pi}{2}$

n が 3 以上の奇数のとき

$$I_n=\frac{n-1}{n}\cdot\frac{n-3}{n-2}\cdot\cdots\cdots\cdot\frac{4}{5}\cdot\frac{2}{3}\cdot 1$$

n が奇数のときの末尾
$I_5=\dfrac{4}{5}\cdot\dfrac{2}{3}\cdot I_1=\dfrac{4}{5}\cdot\dfrac{2}{3}\cdot 1$

終

練習31 $\sin\left(\dfrac{\pi}{2}-x\right)=\cos x$ であることを利用して，次の等式を証明せよ。

$$\int_0^{\frac{\pi}{2}}\sin^n x\,dx=\int_0^{\frac{\pi}{2}}\cos^n x\,dx$$

例13 $\displaystyle\int_0^{\frac{\pi}{2}}\sin^4 x\,dx=\frac{3}{4}\cdot\frac{1}{2}\cdot\frac{\pi}{2}=\frac{3}{16}\pi$,　$\displaystyle\int_0^{\frac{\pi}{2}}\sin^5 x\,dx=\frac{4}{5}\cdot\frac{2}{3}\cdot 1=\frac{8}{15}$

練習32 次の定積分の値を求めよ。

(1) $\displaystyle\int_0^{\frac{\pi}{2}}\sin^6 x\,dx$　(2) $\displaystyle\int_0^{\frac{\pi}{2}}\sin^7 x\,dx$　(3) $\displaystyle\int_0^{\frac{\pi}{2}}\cos^8 x\,dx$

3 定積分で表された関数

関数 $f(t)$ の不定積分の1つを $F(t)$ とすると

$$\int_a^x f(t)\,dt=F(x)-F(a)$$

であるから，この両辺を x で微分すると，次の公式が得られる。

定積分と微分

a が定数のとき　$\displaystyle\boldsymbol{\frac{d}{dx}\int_a^x f(t)\,dt=f(x)}$

例題 17 $F(x)=\displaystyle\int_0^x x\cos t\,dt$ のとき，導関数 $F'(x)$ を求めよ。

解 $F'(x)=\left(x\displaystyle\int_0^x\cos t\,dt\right)'$

t で積分する関数では
t 以外の文字は定数と考える

$$=(x)'\int_0^x\cos t\,dt+x\cdot\left(\int_0^x\cos t\,dt\right)'$$

$$=\int_0^x\cos t\,dt+x\cos x$$

$$=\Big[\sin t\Big]_0^x+x\cos x=\boldsymbol{\sin x+x\cos x}$$

練習33 次の関数 $F(x)$ の導関数を求めよ。

(1) $F(x)=\displaystyle\int_{-1}^x(2t^2-xt)\,dt$　(2) $F(x)=\displaystyle\int_{-3}^x e^{t+x}\,dt$

節末問題

1. 次の不定積分を求めよ。

(1) $\displaystyle\int\frac{(\sqrt{x}+1)(\sqrt{x}-2)}{x}dx$　　(2) $\displaystyle\int 10^{2x+3}dx$

(3) $\displaystyle\int x\sqrt{x-1}\,dx$　　(4) $\displaystyle\int\frac{x^2}{\sqrt{1-x}}dx$

(5) $\displaystyle\int\frac{\log x}{x}dx$　　(6) $\displaystyle\int\frac{\cos x}{1+\sin x}dx$

2. 次の不定積分を求めよ。

(1) $\displaystyle\int x\sin 3x\,dx$　　(2) $\displaystyle\int xe^{-3x}dx$

(3) $\displaystyle\int x^2\log x\,dx$　　(4) $\displaystyle\int x\log(x+1)\,dx$

3. 次の不定積分を求めよ。

(1) $\displaystyle\int\frac{x^2-x-7}{x+2}dx$　　(2) $\displaystyle\int\frac{3x+3}{x^2-9}dx$

4. 次の不定積分を求めよ。

(1) $\displaystyle\int\cos 5x\cos x\,dx$　　(2) $\displaystyle\int x\cos^2 x\,dx$

(3) $\displaystyle\int\cos^4 x\sin^3 x\,dx$　　(4) $\displaystyle\int\frac{e^{3x}}{e^x+1}dx$

5. 次の問いに答えよ。

(1) $\displaystyle\frac{1}{\sin x}=\frac{\sin x}{1-\cos^2 x}$ と変形して，不定積分 $\displaystyle\int\frac{1}{\sin x}dx$ を求めよ。

(2) 不定積分 $\displaystyle\int\frac{1}{\cos x}dx$ を求めよ。

6. 次の定積分を求めよ。

(1) $\displaystyle\int_1^e \frac{\log x}{x}\,dx$　　(2) $\displaystyle\int_{-\frac{\sqrt{3}}{2}}^{\frac{3}{2}} \frac{1}{\sqrt{3-x^2}}\,dx$

(3) $\displaystyle\int_0^1 \frac{1}{(x^2+1)^{\frac{3}{2}}}\,dx$　　(4) $\displaystyle\int_0^{\frac{\pi}{4}} \frac{x}{\cos^2 x}\,dx$

7. 次の定積分を求めよ。

(1) $\displaystyle\int_0^{\pi} |\cos x|\,dx$　　(2) $\displaystyle\int_{-1}^{1} |e^x-1|\,dx$

8. (1) 不定積分 $A=\displaystyle\int \frac{1}{\sqrt{x^2+1}}\,dx$ において，$x=\dfrac{e^t-e^{-t}}{2}$ とおくとき，A を t で表せ。

(2) $\displaystyle\int \frac{1}{\sqrt{x^2+1}}\,dx=\log(x+\sqrt{x^2+1})+C$ が成り立つことを示せ。

9. a を定数とするとき，次の等式を証明せよ。

$$\frac{d}{dx}\int_a^x (x-t)f'(t)\,dt=f(x)-f(a)$$

10. 次の等式を満たす関数 $f(x)$ と定数 a の値を求めよ。

$$\int_a^x f(t)\,dt=(\log x)^2-\log x-6$$

11. $I_n=\displaystyle\int_1^e (\log x)^n\,dx$ とすると $I_n=e-nI_{n-1}$ $(n\geqq 1)$ であることを証明せよ。ただし，n は 0 以上の整数とする。

12. m，n が自然数のとき，定積分 $\displaystyle\int_0^{2\pi} \cos mx\cos nx\,dx$ を，$m\neq n$ と $m=n$ の場合に分けて求めよ。

2 積分法の応用

1 定積分と面積

これまでに学んできた不定積分や定積分を応用して，直線や曲線で囲まれた図形の面積を求めてみよう。

右の図は，関数 $f(x)=2x+1$ について $x>1$ のとき，$y=f(x)$ のグラフと x 軸の間の部分で，$x=1$ から x までの台形を表している（右の色網かけの部分）。この台形の面積は

$$\frac{\{3+(2x+1)\}(x-1)}{2}$$

$$=x^2+x-2$$

となる。この面積は x の関数であるから

$$S(x)=x^2+x-2$$

とおくと　$S'(x)=2x+1$，ここで，$f(x)=2x+1$ であるから

$$S'(x)=f(x)$$

が成り立つ。

すなわち，面積を表す関数 $S(x)$ は $f(x)$ の不定積分となっている。

次に，一般の場合について考えよう。

右の図のように，区間 $a \leqq x \leqq b$ において $f(x) \geqq 0$ である関数 $f(x)$ を考える。

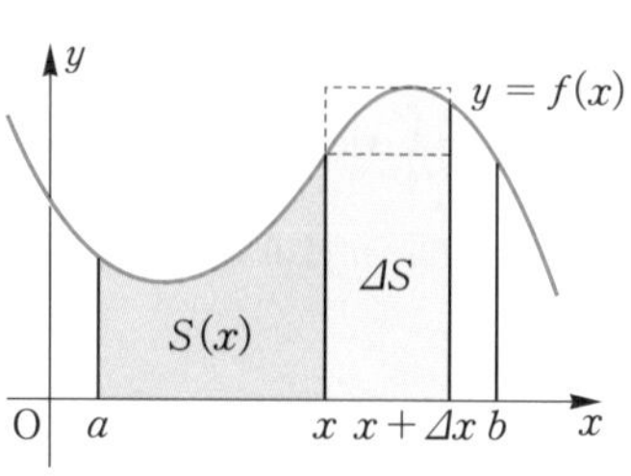

$y=f(x)$ のグラフについて，x 座標が a から x までの部分（濃い網かけ）の面積は x の関数であるから，これを $S(x)$ とおき，x の増分 Δx に対する $S(x)$ の増分を ΔS とする。

$\Delta x>0$ のとき

$$\Delta S=S(x+\Delta x)-S(x) \qquad \frac{\Delta S}{\Delta x}=\frac{S(x+\Delta x)-S(x)}{\Delta x}$$

右の図のように，x から $x+\Delta x$ までの区間における $f(x)$ の最大値を M，最小値を m とすると

$$m\cdot\Delta x \leqq \Delta S \leqq M\cdot\Delta x$$

$\Delta x>0$ より

$$m \leqq \frac{\Delta S}{\Delta x} \leqq M$$

ここで，$\Delta x \to 0$ のとき

$m \to f(x)$，$M \to f(x)$ であるから

$\dfrac{\Delta S}{\Delta x} \to f(x)$　すなわち　$\displaystyle\lim_{\Delta x\to 0}\frac{\Delta S}{\Delta x}=f(x)$

$\Delta x<0$ の場合も同様にして，上の結果が得られる。ゆえに

$$S'(x)=f(x)$$

すなわち，$S(x)$ は $f(x)$ の不定積分である。よって，$f(x)$ の不定積分の1つを $F(x)$ とすると

$$S(x)=F(x)+C$$

右の図のように，$y=f(x)$ のグラフと2直線 $x=a$，$x=b$ および x 軸とで囲まれた図形の面積を S とすると，$S(a)=0$，$S(b)=S$ であるから

$S(a)=F(a)+C=0$　より

$$C=-F(a)$$

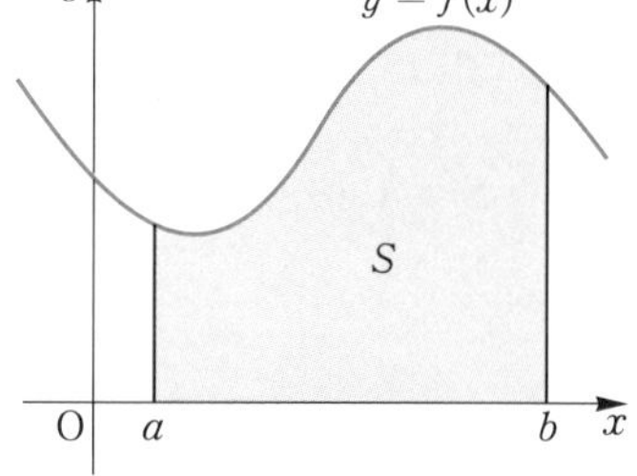

よって

$$S=S(b)=F(b)+C=F(b)-F(a)$$

ここで，$F(b)-F(a)=\displaystyle\int_a^b f(x)\,dx$ であるから，曲線 $y=f(x)$ と x 軸および2直線 $x=a$，$x=b$ で囲まれた図形の面積は次のようになる。

定積分と面積

区間 $a \leqq x \leqq b$ で $f(x) \geqq 0$ のとき，$\boldsymbol{S=\displaystyle\int_a^b f(x)\,dx}$

例1 放物線 $y=x^2$ と x 軸，および2直線 $x=1$，$x=3$ で囲まれた図形の面積 S は

$$S=\int_1^3 x^2\,dx=\left[\frac{1}{3}x^3\right]_1^3=\frac{26}{3}$$

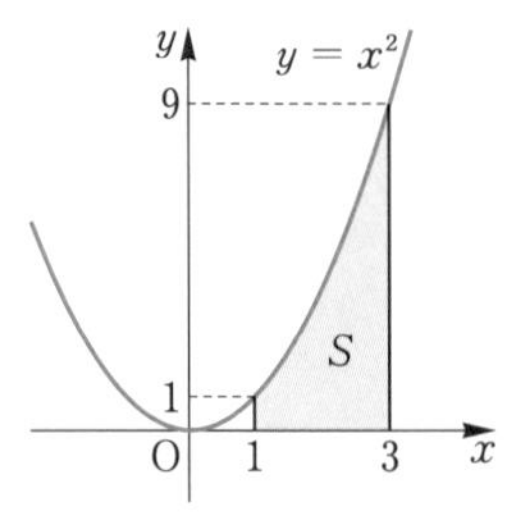

練習1 次の曲線や直線で囲まれた図形の面積を求めよ。

(1) 放物線 $y=x^2+1$，x 軸，y 軸，および直線 $x=1$

(2) 放物線 $y=x^2-2x+3$，x 軸，および2直線 $x=-1$，$x=2$

練習2 次の曲線や直線で囲まれた図形の面積を求めよ。

(1) $y=\sqrt{x}$，$x=4$，$y=0$　　(2) $y=\dfrac{1}{x}$，$x=1$，$x=e$，$y=0$

(3) $y=e^x$，$x=0$，$x=1$，$y=0$　　(4) $y=\log x$，$x=e$，$y=0$

区間 $a \leqq x \leqq b$ で $f(x) \leqq 0$ である場合，曲線 $y=f(x)$ と x 軸および2直線 $x=a$，$x=b$ で囲まれた図形の面積は，x 軸に関して対称な曲線 $y=-f(x)$ を利用して，次のようになる。

$$\boldsymbol{S=\int_a^b\{-f(x)\}\,dx=-\int_a^b f(x)\,dx}$$

例2 放物線 $y=x^2-2x$ と x 軸で囲まれた図形の面積 S は，$0 \leqq x \leqq 2$ のとき $f(x) \leqq 0$ であるから

$$S=-\int_0^2(x^2-2x)\,dx$$

$$=-\left[\frac{1}{3}x^3-x^2\right]_0^2=\frac{4}{3}$$

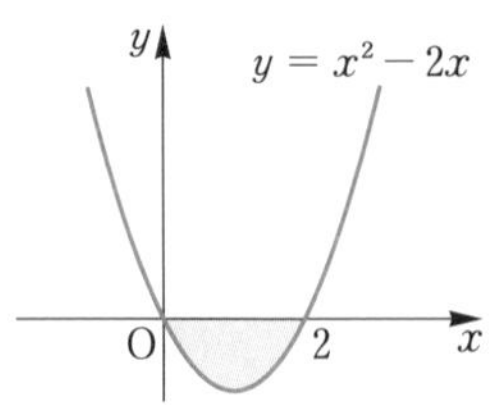

練習3 次の曲線や直線で囲まれた図形の面積を求めよ。

(1) $y=x^2-3x$，$y=0$　　(2) $y=x^2+x$，$x=1$，$y=0$

(3) $y=\cos x\ (0 \leqq x \leqq \pi)$，$x=0$，$x=\pi$，$y=0$

1 2曲線の間の面積

区間 $a \leqq x \leqq b$ で $f(x) \geqq g(x)$ のとき，2曲線 $y=f(x)$，$y=g(x)$ および2直線 $x=a$，$x=b$ で囲まれた図形の面積 S を考えてみよう。

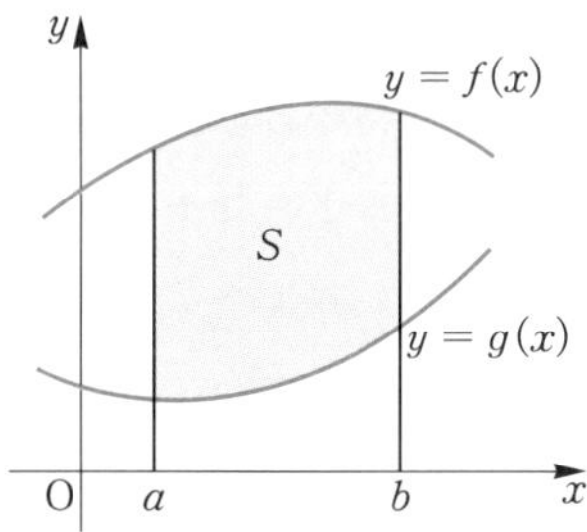

$f(x) \geqq g(x) \geqq 0$ のときには

$$S=\int_a^b f(x)\,dx-\int_a^b g(x)\,dx$$
$$=\int_a^b \{f(x)-g(x)\}dx$$

$f(x)$ や $g(x)$ が負の値をとることがある場合には，2曲線を y 軸方向に k だけ平行移動して，

$$f(x)+k \geqq g(x)+k \geqq 0$$

となるようにする。このとき，求める面積 S は，2曲線 $y=f(x)+k$，$y=g(x)+k$ および2直線 $x=a$，$x=b$ で囲まれた図形の面積に等しい。よって，

$$S=\int_a^b \{(f(x)+k)-(g(x)+k)\}dx$$
$$=\int_a^b \{f(x)-g(x)\}dx$$

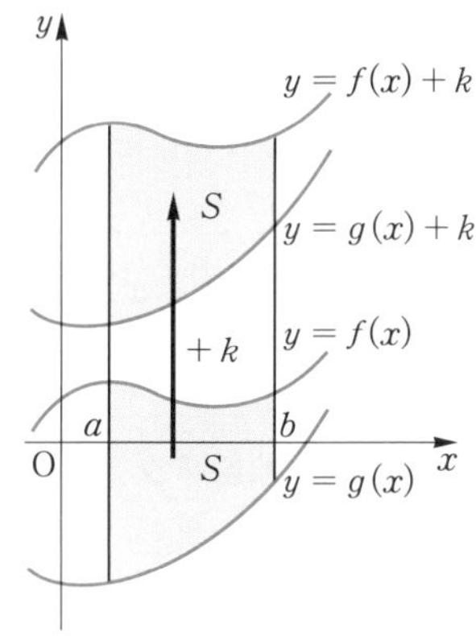

以上のことから，次のことが成り立つ。

2曲線の間の面積

区間 $a \leqq x \leqq b$ において $f(x) \geqq g(x)$ であるとき，2つの曲線 $y=f(x)$ と $y=g(x)$，および2直線 $x=a$，$x=b$ で囲まれた図形の面積 S は

$$\boldsymbol{S=\int_a^b \{f(x)-g(x)\}dx}$$

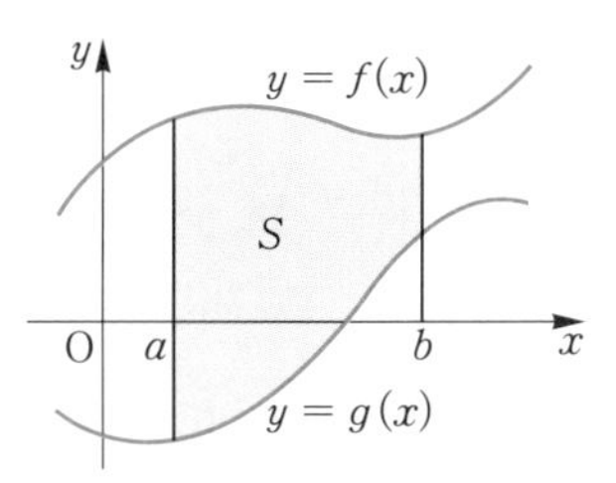

例3 放物線 $y=x^2-1$ と直線 $y=x+1$ で囲まれた図形の面積 S を求めてみよう。

放物線と直線の交点の x 座標は

$x^2-1=x+1$ を解いて $x=-1,\ 2$

$-1 \leqq x \leqq 2$ のとき $x+1 \geqq x^2-1$

であるから，求める面積 S は

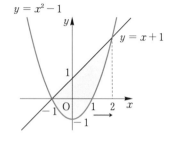

$$S=\int_{-1}^{2}\{(x+1)-(x^2-1)\}dx$$

$$=\int_{-1}^{2}(-x^2+x+2)\,dx$$

$$=\left[-\frac{1}{3}x^3+\frac{1}{2}x^2+2x\right]_{-1}^{2}=\frac{9}{2}$$

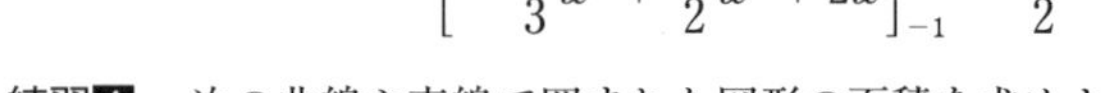

練習4 次の曲線や直線で囲まれた図形の面積を求めよ。

(1) 放物線 $y=-x^2+1$ と直線 $y=x-1$

(2) 2つの放物線 $y=x^2-3x$ と $y=-x^2+x+6$

例題1 区間 $0 \leqq x \leqq 2\pi$ において，2曲線 $y=\sin x$，$y=\cos x$ で囲まれた図形の面積 S を求めよ。

解 2曲線の交点の x 座標は，

$\sin x=\cos x$ を解くと，

$0 \leqq x \leqq 2\pi$ では $x=\dfrac{\pi}{4},\ \dfrac{5}{4}\pi$

$\dfrac{\pi}{4} \leqq x \leqq \dfrac{5}{4}\pi$ では $\sin x \geqq \cos x$

であるから，求める面積 S は

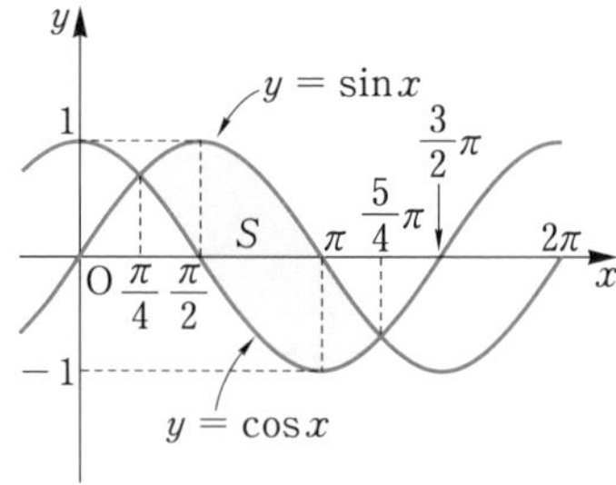

$$S=\int_{\frac{\pi}{4}}^{\frac{5}{4}\pi}(\sin x-\cos x)\,dx=\left[-\cos x-\sin x\right]_{\frac{\pi}{4}}^{\frac{5}{4}\pi}=\mathbf{2\sqrt{2}}$$

練習5 次の曲線や直線で囲まれた図形の面積を求めよ。

(1) 曲線 $y=\dfrac{2}{x}$ と直線 $y=-x+3$

(2) 区間 $0 \leqq x \leqq \pi$ において，2曲線 $y=\sin x$，$y=\sin 2x$

2 曲線 $x=g(y)$ と面積

曲線の方程式が $x=g(y)$ で与えられたとき，曲線 $x=g(y)$ と y 軸，および 2 直線 $y=c$，$y=d$ で囲まれた図形の面積 S は

区間 $c \leqq y \leqq d$ において

$g(y) \geqq 0$ のとき　$\boldsymbol{S=\int_c^d g(y)\,dy}$

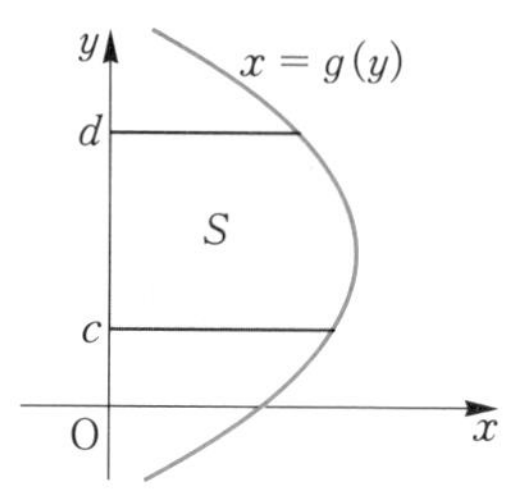

例4 (1) 曲線 $x=y^2$ と y 軸，および直線 $y=2$ で囲まれた図形の面積 S は

$$S=\int_0^2 y^2\,dy$$

$$=\left[\frac{y^3}{3}\right]_0^2=\frac{8}{3}$$

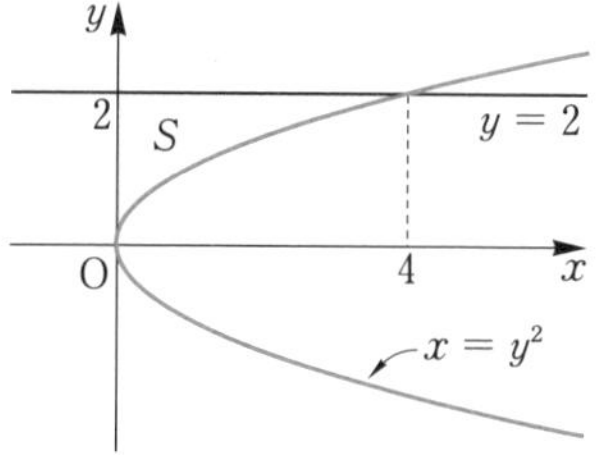

(2) 曲線 $x=y^2$ と直線 $x+y=2$ で囲まれた図形の面積を S とすると，交点の y 座標は方程式

$$y^2=-y+2$$

の解であるから

$$y=-2,\ 1$$

よって

$$S=\int_{-2}^1\{(-y+2)-y^2\}\,dy$$

$$=\left[-\frac{y^3}{3}-\frac{y^2}{2}+2y\right]_{-2}^1=\frac{9}{2}$$

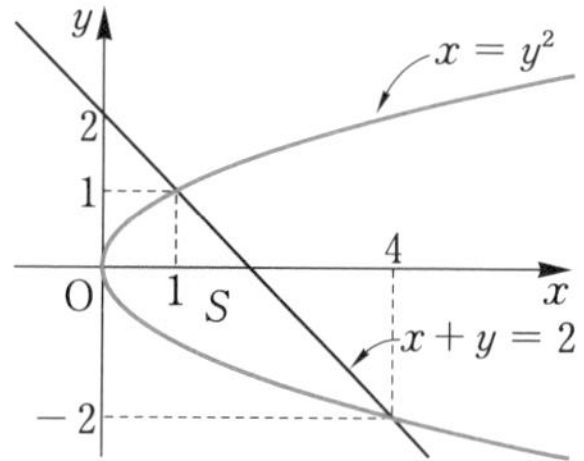

練習6 次の図形の面積を求めよ。

(1) 曲線 $x=1-y^2$ と y 軸で囲まれた図形

(2) 曲線 $x=y^2-3y$ と直線 $y=x$ で囲まれた図形

練習7 曲線 $y=\log x$ と x 軸，y 軸，および直線 $y=1$ で囲まれた図形の面積 S を求めよ。

3 いろいろな図形の面積

いろいろな曲線や直線で囲まれた図形の面積を求めてみよう。

例題 2 曲線 $y=\log x$ と，この曲線上の点 P$(e,\ 1)$ における接線，および x 軸で囲まれた図形の面積 S を求めよ。

解 $y'=\dfrac{1}{x}$ であるから，点 P$(e,\ 1)$ における接線の方程式は

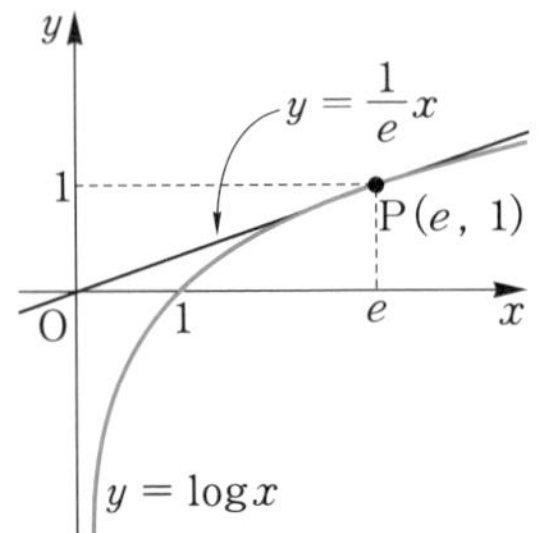

$$y-1=\frac{1}{e}(x-e)$$

すなわち　$\boldsymbol{y=\dfrac{1}{e}x}$

よって，求める面積 S は

$$\begin{aligned}S&=\int_0^e\frac{1}{e}x\,dx-\int_1^e\log x\,dx\\&=\frac{1}{e}\left[\frac{x^2}{2}\right]_0^e-\left(\Big[x\log x\Big]_1^e-\int_1^e dx\right)\\&=\frac{e}{2}-\left(e-\Big[x\Big]_1^e\right)=\boldsymbol{\frac{e}{2}-1}\end{aligned}$$

練習 8 曲線 $y=e^x$ と，この曲線上の点 P$(2,\ e^2)$ における接線，および y 軸で囲まれた図形の面積を求めよ。

例題 2 では，曲線を $x=e^y$，点 P における接線を $x=ey$ と表すことにより

$$\begin{aligned}S&=\int_0^1(e^y-ey)\,dy\\&=\left[e^y-\frac{1}{2}ey^2\right]_0^1\\&=\frac{e}{2}-1\end{aligned}$$

として面積を求めることもできる。

図形の対称性を用いると，x 軸や y 軸に関して対称な図形の面積を求める計算が簡単になることがある。

例題 3 $a>0$，$b>0$ のとき，楕円 $\dfrac{x^2}{a^2}+\dfrac{y^2}{b^2}=1$ の面積 S を求めよ。

解 $\dfrac{x^2}{a^2}+\dfrac{y^2}{b^2}=1$ を y について解くと

$$y=\pm\frac{b}{a}\sqrt{a^2-x^2}$$

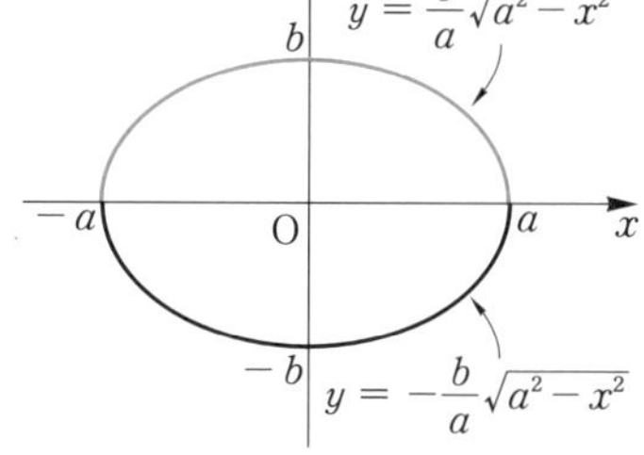

この楕円は，x 軸および y 軸に関して対称で上半分は

$$y=\frac{b}{a}\sqrt{a^2-x^2}$$

で表されるから，求める面積 S は

$$S=4\int_0^a\frac{b}{a}\sqrt{a^2-x^2}\,dx=\frac{4b}{a}\int_0^a\sqrt{a^2-x^2}\,dx$$

ここで，$\displaystyle\int_0^a\sqrt{a^2-x^2}\,dx$ は，半径 a の円の面積の $\dfrac{1}{4}$ を表している（133ページ例題13参照）から

$$\int_0^a\sqrt{a^2-x^2}\,dx=\frac{1}{4}\pi a^2$$

よって

$$S=\frac{4b}{a}\times\frac{1}{4}\pi a^2=\boldsymbol{\pi ab}$$

練習 9 曲線 $y^2=x(1-x)^2$ は，右の図のような x 軸に関して対称な図形である。この曲線によって囲まれた部分の面積を求めよ。

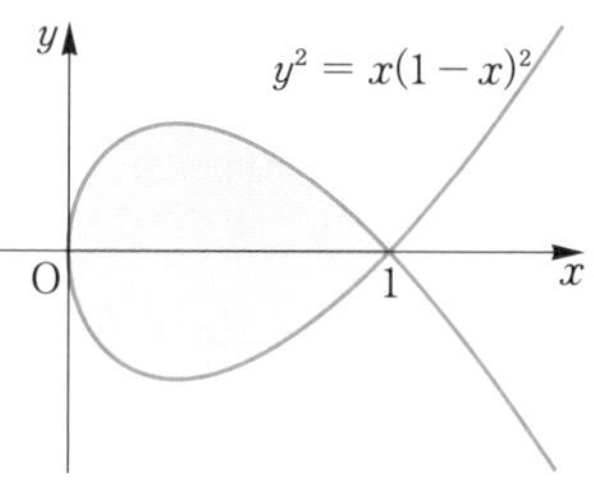

2 体積

立体の体積を定積分を用いて求めることを考えてみよう。与えられた立体に対して，右の図のように x 軸を定める。

座標が a，b $(a<b)$ である x 軸上のそれぞれの点を通り，x 軸に垂直な 2 平面 α，β によってはさまれた立体の体積を V とする。

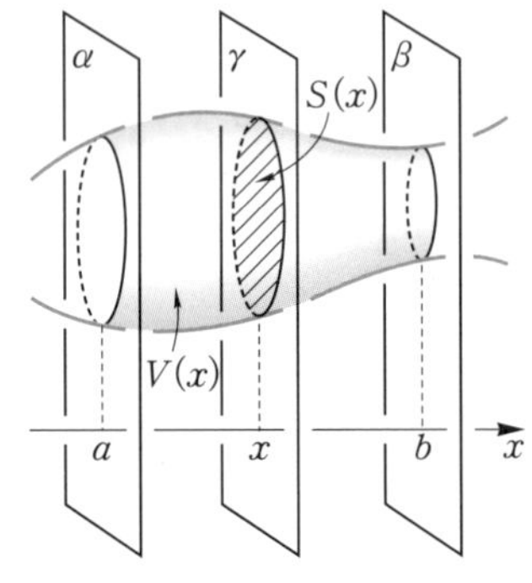

座標が x である x 軸上の点を通り，x 軸に垂直な平面 γ による立体の切り口の面積と平面 α と γ にはさまれた部分の立体の体積はともに x の関数となるから，それぞれを $S(x)$，$V(x)$ とする。

ここで，x の増分 Δx に対する $V(x)$ の増分を ΔV とすると

$$\Delta V = V(x+\Delta x) - V(x)$$

であり，$\Delta x>0$ のとき，ΔV は下の図のような灰色部分の立体の体積である。

区間 $x \leqq t \leqq x+\Delta x$ における，立体の切り口の面積 $S(t)$ の最大値を M，最小値を m とすると

$$m\Delta x \leqq \Delta V \leqq M\Delta x$$

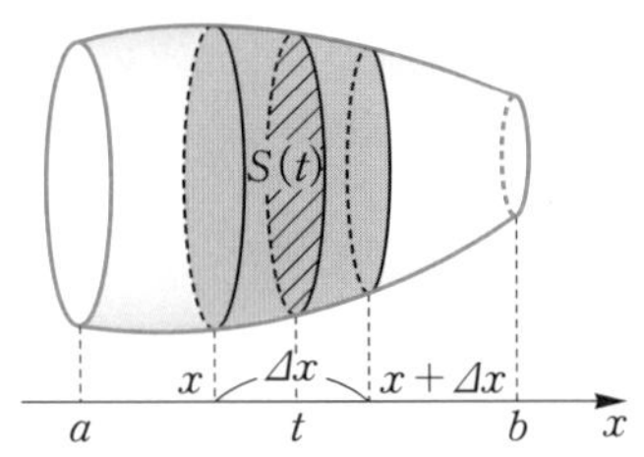

となる。$\Delta x>0$ より

$$m \leqq \frac{\Delta V}{\Delta x} \leqq M$$

ここで，$\Delta x \to 0$ のとき

$$m \to S(x),\ M \to S(x)$$

となるから

$$\lim_{\Delta x \to 0} \frac{\Delta V}{\Delta x} = S(x)$$

である。また，$\Delta x<0$ のときも，同様にして同じ結果が得られる。

したがって

$$V'(x) = S(x)$$

となるから，$V(x)$ は $S(x)$ の不定積分である。

いま，$S(x)$ の不定積分の1つを $F(x)$ とすると，積分定数 C を用いて

$$V(x)=F(x)+C$$

と表すことができる。

関数 $V(x)$ の意味より $V(a)=0$ であるから

$$V(a)=F(a)+C=0 \qquad \text{ゆえに} \quad C=-F(a)$$

よって

$$V(x)=F(x)-F(a)$$

ところで，$V=V(b)$ であるから，次のことが成り立つ。

$$V=V(b)=F(b)-F(a)=\int_a^b S(x)\,dx$$

定積分と体積

右の図のような立体の体積 V は

$$\boldsymbol{V=\int_a^b S(x)\,dx}$$

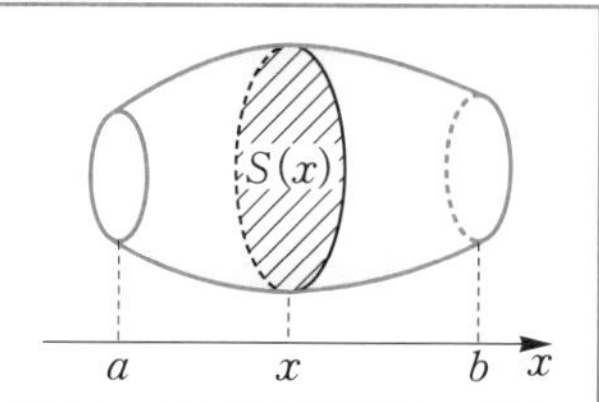

例5 底面積が S，高さが h の角錐の体積 V を求めてみよう。

図のように頂点を原点Oとし，Oを通り底面に垂直な直線を x 軸とする。

x 軸上の点 x を通り，x 軸に垂直な平面でこの立体を切った切り口の面積を $S(x)$ とすると

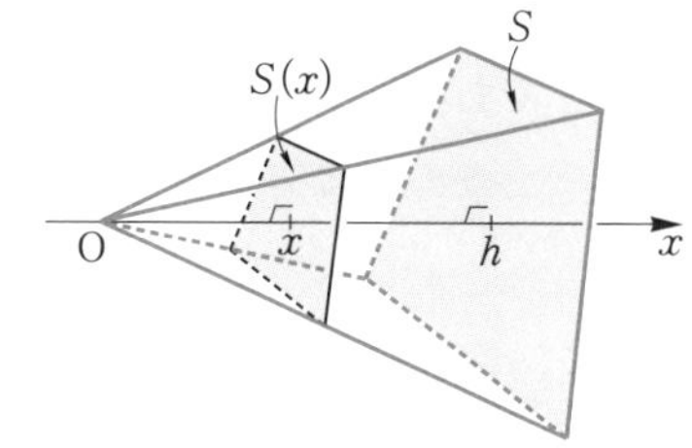

$$S(x):S=x^2:h^2 \text{ より} \quad S(x)=\frac{S}{h^2}x^2$$

よって　$V=\displaystyle\int_0^h \frac{S}{h^2}x^2\,dx=\frac{S}{h^2}\left[\frac{x^3}{3}\right]_0^h=\frac{1}{3}Sh$

練習10 底面の半径が r，高さが h の円錐の体積 V を求めよ。

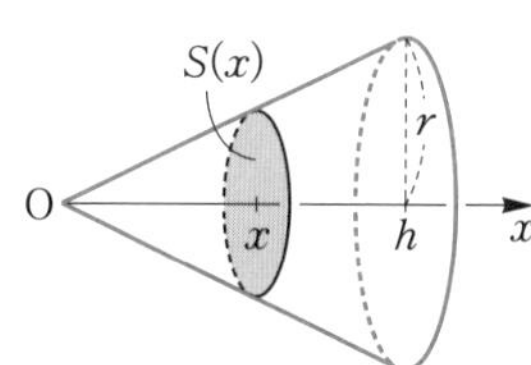

例題 4 底面の半径と高さがともに a の直円柱を，底面の1つの直径ABを含み底面と 45° の角をなす平面で切ったとき，この平面と底面ではさまれた立体の体積 V を求めよ。

解 底面の中心Oを原点とし，直線ABを x 軸にとる。

右の図のように，AB上の点 $\mathrm{P}(x)$ を通り，x 軸に垂直な平面によるこの立体の切り口は直角二等辺三角形PQRである。

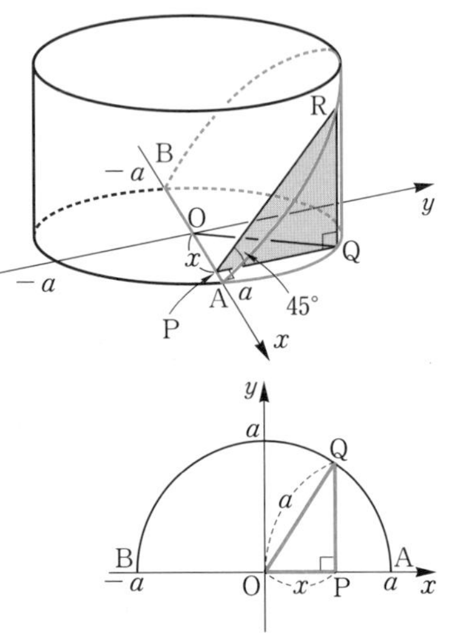

$$\mathrm{PQ}=\mathrm{QR}=\sqrt{a^2-x^2}$$

であるから，△PQRの面積を $S(x)$ とすると

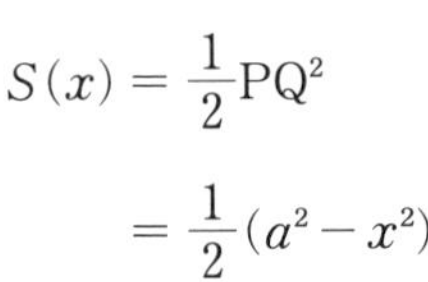

$$S(x)=\frac{1}{2}\mathrm{PQ}^2$$

$$=\frac{1}{2}(a^2-x^2)$$

である。

求める体積 V は

$$V=\int_{-a}^{a}S(x)\,dx$$

$$=\int_{-a}^{a}\frac{1}{2}(a^2-x^2)\,dx$$

$$=\frac{1}{2}\left[a^2x-\frac{1}{3}x^3\right]_{-a}^{a}$$

$$=\boldsymbol{\frac{2}{3}a^3}$$

練習11 例題4において，直径ABを含み底面と 30° の角をなす平面で切ったとき，この平面と底面ではさまれた立体の体積を求めよ。

1 回転体の体積

右の図のような，曲線 $y=f(x)$ と x 軸，および 2 直線 $x=a$，$x=b$ で囲まれた図形を，x 軸のまわりに 1 回転してできる立体の体積を求めてみよう。

x 軸上の点 $(x,\ 0)$ を通り，x 軸に垂直な平面によるこの回転体の切り口は円であり，その面積 $S(x)$ は

$$S(x)=\pi y^2=\pi\{f(x)\}^2$$

である。

よって，この回転体の体積 V は次の式で与えられる。

回転体の体積

$$\boldsymbol{V=\pi\int_a^b y^2\,dx=\pi\int_a^b \{f(x)\}^2\,dx}$$

例6 底面の半径が r，高さが h の直円錐の体積 V を求めてみよう。

この円錐は，直線 $y=\dfrac{r}{h}x$ の $0 \leqq x \leqq h$ の部分を x 軸のまわりに 1 回転してできる立体であるから

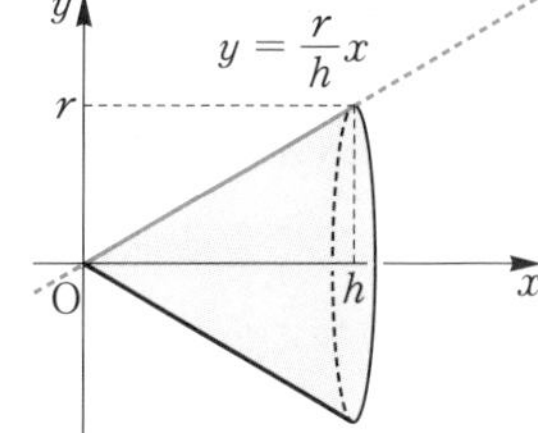

$$V=\pi\int_0^h\left(\frac{r}{h}x\right)^2dx$$

$$=\frac{\pi r^2}{h^2}\left[\frac{1}{3}x^3\right]_0^h$$

$$=\frac{1}{3}\pi r^2 h$$

練習12 放物線 $y=x^2$ と x 軸，直線 $x=1$ で囲まれた図形を，x 軸のまわりに 1 回転してできる立体の体積を求めよ。

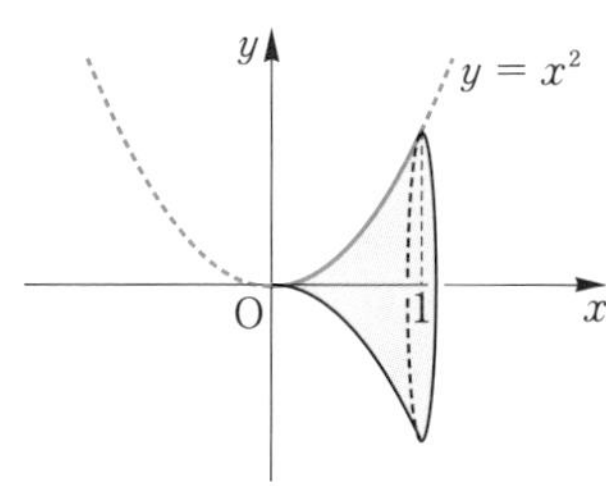

例題 5 半径 r の球の体積 V を求めよ。

解 原点Oを中心とし，半径が r の円

$$x^2+y^2=r^2$$

の上半分を x 軸のまわりに1回転すると，半径 r の球が得られる。

よって，求める球の体積 V は

$$V=\pi\int_{-r}^{r}y^2dx=\pi\int_{-r}^{r}(r^2-x^2)\,dx$$

$$=2\pi\int_{0}^{r}(r^2-x^2)\,dx=2\pi\left[r^2x-\frac{x^3}{3}\right]_0^r=\boldsymbol{\frac{4}{3}\pi r^3}$$

練習13 放物線 $y=x^2$ と直線 $y=x$ で囲まれた図形を，x 軸のまわりに1回転してできる立体の体積を求めよ。

2 y 軸のまわりの回転体の体積

曲線 $x=g(y)$ と y 軸および2直線 $y=c$，$y=d$ で囲まれた図形を，y 軸のまわりに1回転してできる立体の体積 V は，x 軸のまわりに1回転してできる立体の体積と同様に考えると，次の式で与えられる。

$$\boldsymbol{V=\pi\int_{c}^{d}x^2dy=\pi\int_{c}^{d}\{g(y)\}^2dy}$$

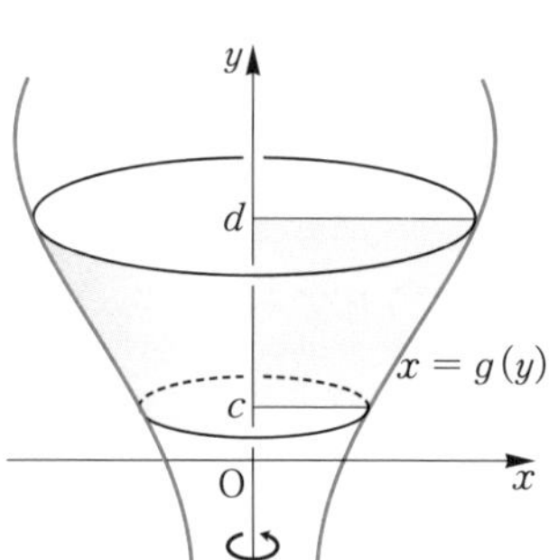

練習14 直線 $y=\frac{1}{2}x$ と $y=2$ および y 軸で囲まれた部分が，y 軸のまわりを1回転したときにできる回転体の体積を求めよ。

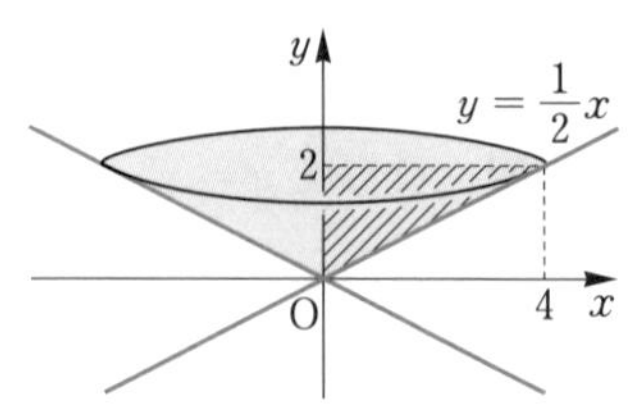

3 定積分と和の極限

和の極限の考え方を利用して，図形の面積を考えてみよう。

1 区分求積法

曲線 $y=x^2$ と x 軸および直線 $x=1$ で囲まれた図形の面積 S は

$$S=\int_0^1 x^2\,dx$$

$$=\left[\frac{x^3}{3}\right]_0^1=\frac{1}{3}$$

である。

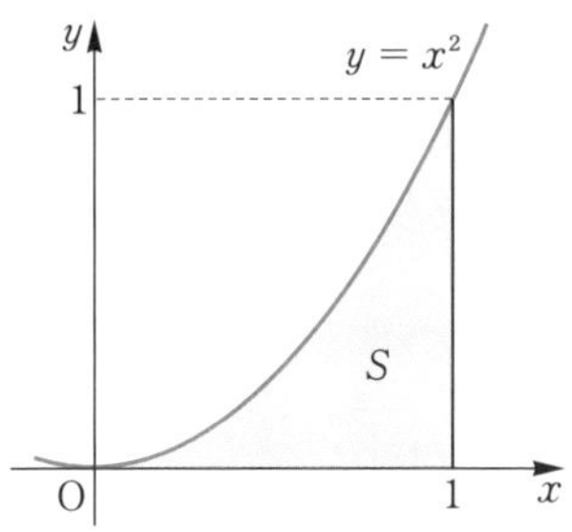

この図形の面積 S は，次のようにして求めることもできる。

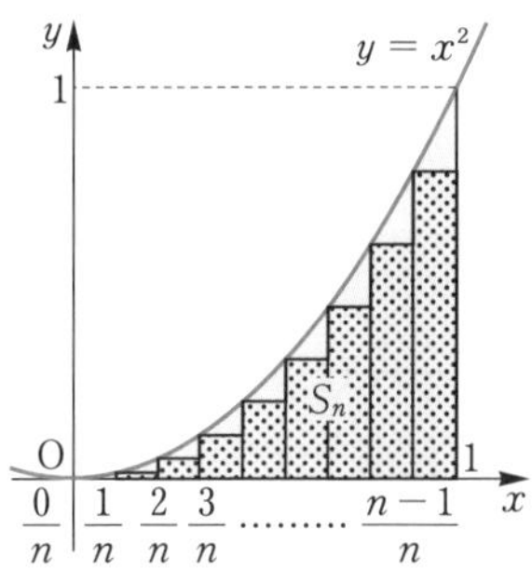

区間 $0\leqq x\leqq 1$ を n 等分して，n 個の小区間に分割する。

次に，それぞれの小区間を１辺とする n 個の長方形を右の図のようにつくる。

これらの長方形の面積の和を S_n とすると

$$S_n=\left(\frac{0}{n}\right)^2\frac{1}{n}+\left(\frac{1}{n}\right)^2\frac{1}{n}+\left(\frac{2}{n}\right)^2\frac{1}{n}+\cdots$$

$$\cdots+\left(\frac{n-1}{n}\right)^2\frac{1}{n}$$

$$=\sum_{k=0}^{n-1}\left(\frac{k}{n}\right)^2\frac{1}{n}$$

$$=\frac{1}{n^3}\sum_{k=0}^{n-1}k^2$$

$\displaystyle\sum_{k=1}^{n}k^2=\frac{1}{6}n(n+1)(2n+1)$

$$=\frac{1}{n^3}\cdot\frac{1}{6}(n-1)n(2n-1)$$

$$=\frac{1}{6}\left(1-\frac{1}{n}\right)\left(2-\frac{1}{n}\right)\quad\cdots\cdots①$$

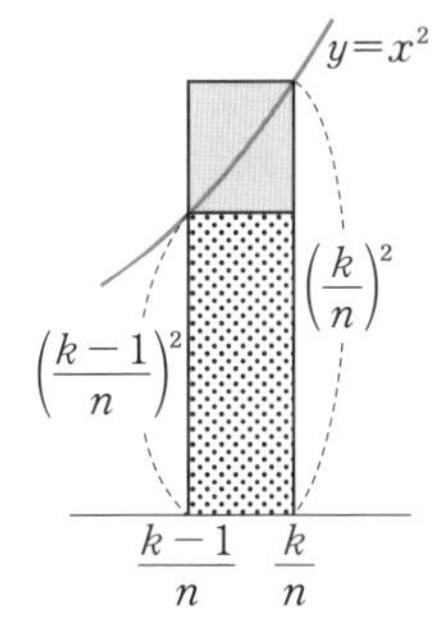

また，下の図のような n 個の長方形の面積の和を T_n とすると

$$T_n = \left(\frac{1}{n}\right)^2\frac{1}{n} + \left(\frac{2}{n}\right)^2\frac{1}{n} + \left(\frac{3}{n}\right)^2\frac{1}{n} + \cdots\cdots + \left(\frac{n}{n}\right)^2\frac{1}{n}$$

$$= \sum_{k=1}^{n}\left(\frac{k}{n}\right)^2\frac{1}{n}$$

$$= \frac{1}{n^3}\sum_{k=1}^{n}k^2$$

$$= \frac{1}{n^3}\cdot\frac{1}{6}n(n+1)(2n+1)$$

$$= \frac{1}{6}\left(1+\frac{1}{n}\right)\left(2+\frac{1}{n}\right) \quad \cdots\cdots②$$

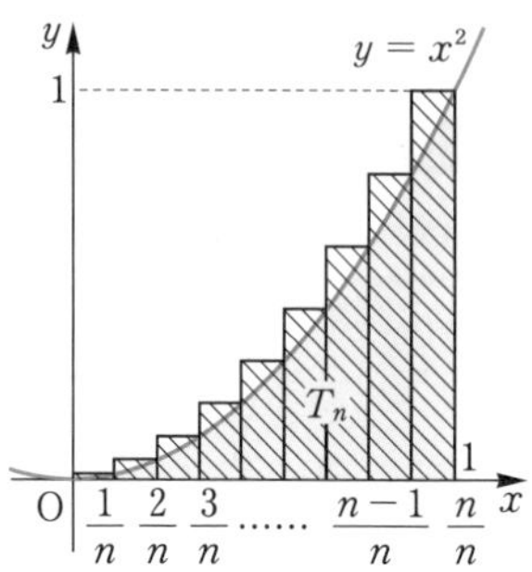

このとき，$S_n < S < T_n$ である。

①より $\displaystyle\lim_{n\to\infty}S_n = \lim_{n\to\infty}\frac{1}{6}\left(1-\frac{1}{n}\right)\left(2-\frac{1}{n}\right) = \frac{1}{3}$,

②より $\displaystyle\lim_{n\to\infty}T_n = \lim_{n\to\infty}\frac{1}{6}\left(1+\frac{1}{n}\right)\left(2+\frac{1}{n}\right) = \frac{1}{3}$

であるからはさみうちの原理より $S=\dfrac{1}{3}$ である。

このことから，n を限りなく大きくすると，区間の分割は限りなく細かくなり，S_n と T_n はこの図形の面積 S に限りなく近づいていくことがわかる。このように，区間を分割して，和の極限として面積や体積を求める方法を **区分求積法** という。

区間 $a \leqq x \leqq b$ で連続な関数 $f(x)$ が $f(x) \geqq 0$ のとき，$y=f(x)$ のグラフと x 軸および2直線 $x=a$，$x=b$ で囲まれた図形の面積 S を，区分求積法の考え方を用いて求めてみよう。

区間 $a \leqq x \leqq b$ を n 等分し，その分点の座標を小さい方から順に

$$a = x_0,\ x_1,\ x_2,\ \cdots\cdots,\ x_{n-1},\ x_n = b$$

とし，$\varDelta x = \dfrac{b-a}{n}$ とおくと

$$x_k = a + k\varDelta x \quad (k=0,\ 1,\ 2,\ \cdots\cdots,\ n)$$

と表せる。

このとき，下の図1の斜線部分の長方形の面積の和 S_n は

$$S_n = f(x_0)\varDelta x + f(x_1)\varDelta x + f(x_2)\varDelta x + \cdots\cdots + f(x_{n-1})\varDelta x$$
$$= \sum_{k=0}^{n-1} f(x_k)\varDelta x$$

また，図2の斜線部分の長方形の面積の和 T_n は

$$T_n = f(x_1)\varDelta x + f(x_2)\varDelta x + f(x_3)\varDelta x + \cdots\cdots + f(x_n)\varDelta x$$
$$= \sum_{k=1}^{n} f(x_k)\varDelta x$$

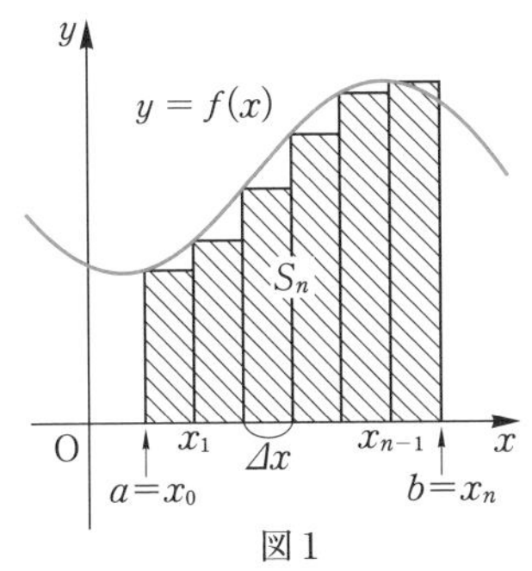

図1

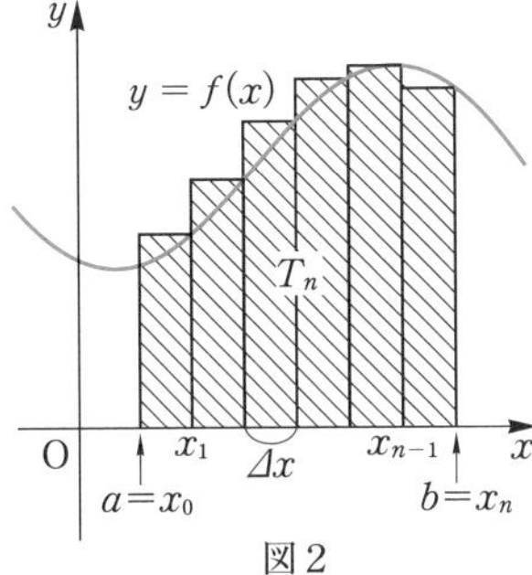

図2

ここで，n を限りなく大きくすると $\varDelta x$ は限りなく0に近づき，

$$\lim_{n\to\infty} S_n = \lim_{n\to\infty} T_n = S$$

となる。一方，$S = \int_a^b f(x)\,dx$ であるから，次のことが成り立つ。

定積分と和の極限

関数 $f(x)$ が区間 $a \leqq x \leqq b$ で連続であるとき

$$\lim_{n\to\infty}\sum_{k=0}^{n-1} f(x_k)\varDelta x = \lim_{n\to\infty}\sum_{k=1}^{n} f(x_k)\varDelta x = \int_a^b f(x)\,dx$$

ただし　$\varDelta x = \dfrac{b-a}{n}$，$x_k = a + k\varDelta x$

上のことは，一般に関数 $f(x)$ が区間 $a \leqq x \leqq b$ で連続ならば，この区間で $f(x)$ が負の値をとることがあっても成り立つ。

この式は定積分の値が，小さく分けた部分の面積の総和でいくらでも近似できることを示している。これが区分求積法の考えである。

また，一般に，$x_{k-1} \leqq c_k \leqq x_k$ を満たす c_k を任意に選んだとき

$$\lim_{n\to\infty}\sum_{k=1}^{n} f(c_k)\Delta x = \int_a^b f(x)\,dx$$

が成り立つことも知られている。

前ページの「定積分と和の極限」において，とくに $a=0$，$b=1$ とすると $\Delta x = \dfrac{1}{n}$ であり，$x_k = k\Delta x = \dfrac{k}{n}$ であるから，次のことが成り立つ。

$$\boldsymbol{\lim_{n\to\infty}\frac{1}{n}\sum_{k=0}^{n-1} f\left(\frac{k}{n}\right) = \lim_{n\to\infty}\frac{1}{n}\sum_{k=1}^{n} f\left(\frac{k}{n}\right) = \int_0^1 f(x)\,dx}$$

例題 6 次の極限値を求めよ。

$$\lim_{n\to\infty}\frac{1}{n\sqrt{n}}(\sqrt{1}+\sqrt{2}+\cdots\cdots+\sqrt{n})$$

解

$$\frac{1}{n\sqrt{n}}(\sqrt{1}+\sqrt{2}+\cdots\cdots+\sqrt{n})$$

$$=\frac{1}{n}\left(\sqrt{\frac{1}{n}}+\sqrt{\frac{2}{n}}+\cdots\cdots+\sqrt{\frac{n}{n}}\right)$$

$$=\frac{1}{n}\sum_{k=1}^{n}\sqrt{\frac{k}{n}}$$

←── $\dfrac{1}{n}$ でくくり [0, 1] の定積分で表す

よって，求める極限値は

$$\lim_{n\to\infty}\frac{1}{n}\sum_{k=1}^{n}\sqrt{\frac{k}{n}}$$

$$=\int_0^1\sqrt{x}\,dx = \left[\frac{2}{3}x^{\frac{3}{2}}\right]_0^1 = \boldsymbol{\frac{2}{3}}$$

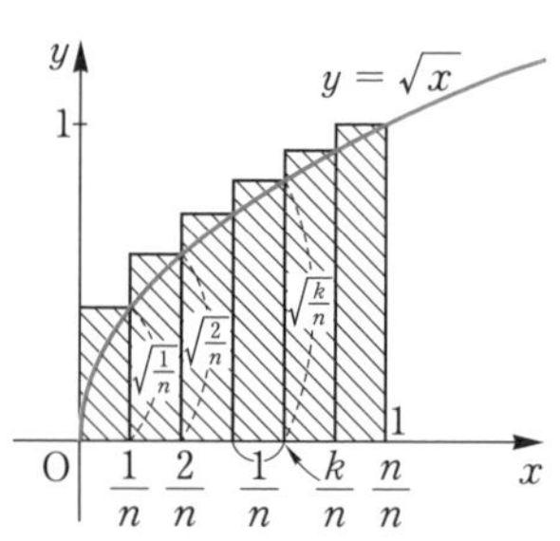

練習15 次の極限値を求めよ。

(1) $\displaystyle\lim_{n\to\infty}\frac{1}{n}\left\{\left(1+\frac{1}{n}\right)^2+\left(1+\frac{2}{n}\right)^2+\left(1+\frac{3}{n}\right)^2+\cdots\cdots+\left(1+\frac{n}{n}\right)^2\right\}$

(2) $\displaystyle\lim_{n\to\infty}\frac{1}{n^5}(1^4+2^4+3^4+\cdots\cdots+n^4)$

(3) $\displaystyle\lim_{n\to\infty}\left(\frac{1}{n+1}+\frac{1}{n+2}+\frac{1}{n+3}+\cdots\cdots+\frac{1}{n+n}\right)$

2 定積分と不等式

区分求積法の考え方から，次の性質が導かれる。

(1) 区間 $[a,\ b]$ で $f(x) \geqq 0$ ならば，$\displaystyle\int_a^b f(x)\,dx \geqq 0$

等号は，つねに $f(x)=0$ の場合に成り立つ。

(2) 区間 $[a,\ b]$ で $f(x) \geqq g(x)$ ならば，$\displaystyle\int_a^b f(x)\,dx \geqq \int_a^b g(x)\,dx$

等号は，つねに $f(x)=g(x)$ の場合に成り立つ。

(3) 区間 $[a,\ b]$ で $m \leqq f(x) \leqq M$ ならば

$$m(b-a) \leqq \int_a^b f(x)\,dx \leqq M(b-a)$$

例題 7 $0 \leqq x \leqq 1$ のとき，$x^2+1 \leqq x+1$ であることを用いて $\dfrac{\pi}{4} > \log 2$ であることを証明せよ。

解 $0 \leqq x \leqq 1$ のとき，$x^2+1 \leqq x+1$ より $\dfrac{1}{x^2+1} \geqq \dfrac{1}{x+1}$ である。

等号が成り立つのは $x=0,\ 1$ のときだけであるから

$$\int_0^1 \frac{1}{x^2+1}\,dx > \int_0^1 \frac{1}{x+1}\,dx$$

$x=\tan\theta$ とおくと $\displaystyle\int_0^1 \frac{1}{1+x^2}\,dx = \int_0^{\frac{\pi}{4}} \frac{1}{\tan^2\theta+1}\cdot\frac{1}{\cos^2\theta}\,d\theta = \frac{\pi}{4}$

(134 ページ例題 14 より)

$$\int_0^1 \frac{1}{x+1}\,dx = \Big[\log(x+1)\Big]_0^1 = \log 2$$

よって，$\dfrac{\pi}{4} > \log 2$ である。

練習16 $0 \leqq x \leqq 1$ のとき，不等式 $\dfrac{1}{2} \leqq \dfrac{1}{x+1} \leqq 1-\dfrac{x}{2}$ が成り立つことを示し，

$\dfrac{1}{2} < \log 2 < \dfrac{3}{4}$ であることを証明せよ。

例題 8 次の不等式を証明せよ。ただし，n は自然数とする。

$$\log(n+1) < 1+\frac{1}{2}+\frac{1}{3}+\cdots\cdots+\frac{1}{n}$$

解 自然数 k に対して，$k \leqq x \leqq k+1$ のとき

$\frac{1}{x} \leqq \frac{1}{k}$ であり

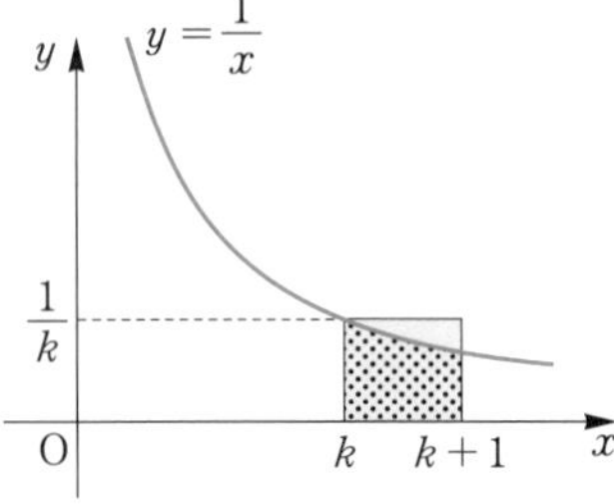

等号が成り立つのは $x=k$ のときだけであるから

$$\int_k^{k+1}\frac{1}{x}dx < \int_k^{k+1}\frac{1}{k}dx$$

すなわち

$$\int_k^{k+1}\frac{1}{x}dx < \frac{1}{k}$$

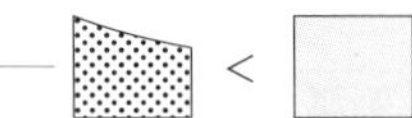

$k=1,\ 2,\ 3,\ \cdots\cdots,\ n$ として，辺々を加えると

$$\int_1^2\frac{dx}{x}+\int_2^3\frac{dx}{x}+\int_3^4\frac{dx}{x}+\cdots\cdots+\int_n^{n+1}\frac{dx}{x} < \frac{1}{1}+\frac{1}{2}+\frac{1}{3}+\cdots\cdots+\frac{1}{n}$$

$$左辺=\int_1^{n+1}\frac{dx}{x}=\Big[\log x\Big]_1^{n+1}=\log(n+1)$$

よって　$\log(n+1) < 1+\frac{1}{2}+\frac{1}{3}+\cdots\cdots+\frac{1}{n}$

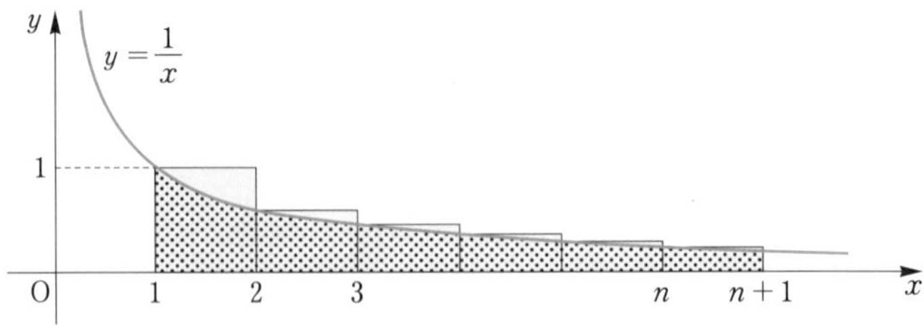

練習17 次の不等式を証明せよ。ただし，n は2以上の自然数とする。

$$\frac{1}{2}+\frac{1}{3}+\frac{1}{4}+\cdots\cdots+\frac{1}{n} < \log n$$

節末問題

1. 放物線 $y=x^2$ 上の点 $(-1,\ 1)$，$(2,\ 4)$ における2本の接線と，放物線で囲まれた図形の面積を求めよ。

2. 曲線 $y=x^3-4x$ 上の点 $(1,\ -3)$ における接線と，この曲線で囲まれた図形の面積を求めよ。

3. 次の曲線や直線で囲まれた図形の面積 S を求めよ。

(1) $y=\cos x$，$y=\sin 2x$ $\left(-\dfrac{\pi}{2}\leqq x\leqq\dfrac{\pi}{2}\right)$

(2) $y=\dfrac{1}{x}$ $(x>0)$，$y=\dfrac{1}{2}x$，$y=4x$

(3) $y=\log(2-x)$，$x=0$，$y=0$

4. 曲線 $\sqrt{x}+\sqrt{y}=1$ と x 軸，y 軸で囲まれた図形の面積を求めよ。

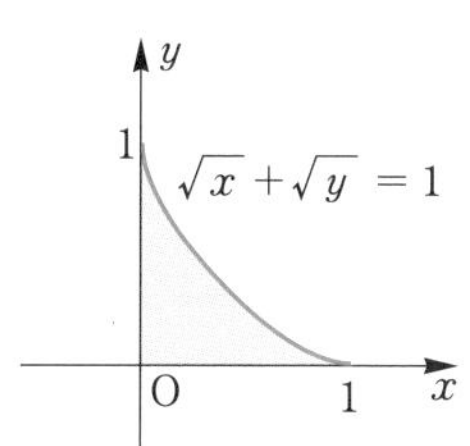

5. 2つの領域 $x^2+\dfrac{y^2}{3}\leqq 1$ と $\dfrac{x^2}{3}+y^2\leqq 1$ の共通部分の面積を求めよ。

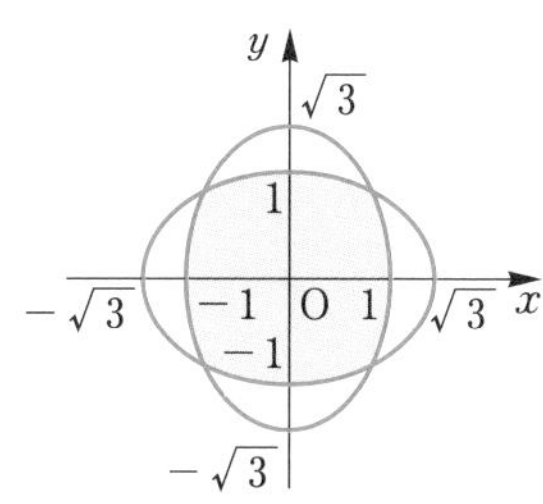

6. 次の極限値を求めよ。

(1) $\displaystyle\lim_{n\to\infty}\frac{1}{n}\sum_{k=1}^{n}\cos\frac{k}{2n}\pi$　　(2) $\displaystyle\lim_{n\to\infty}\sum_{k=1}^{n}\frac{2k}{n^2+k^2}$

7. 次の不等式を証明せよ。ただし，n は自然数とする。

$$\frac{1}{\sqrt{1}}+\frac{1}{\sqrt{2}}+\frac{1}{\sqrt{3}}+\cdots\cdots+\frac{1}{\sqrt{n}}>2(\sqrt{n+1}-1)$$

8. 次の曲線または直線で囲まれた部分を，x 軸のまわりに回転させてできる立体の体積を求めよ。

(1) $y=x-x^2$，x 軸　　(2) $y^2=x$，$x=1$，$x=4$

9. 次の曲線または直線で囲まれた部分を，y 軸のまわりに1回転させてできる立体の体積を求めよ。

(1) $y=x^2$，$y=1$　　(2) $y^2=x$，$y=2$，y 軸

10. 曲線 $y=x^2-2x$ と直線 $y=x$ で囲まれた部分を，x 軸のまわりに回転してできる立体の体積を求めよ。

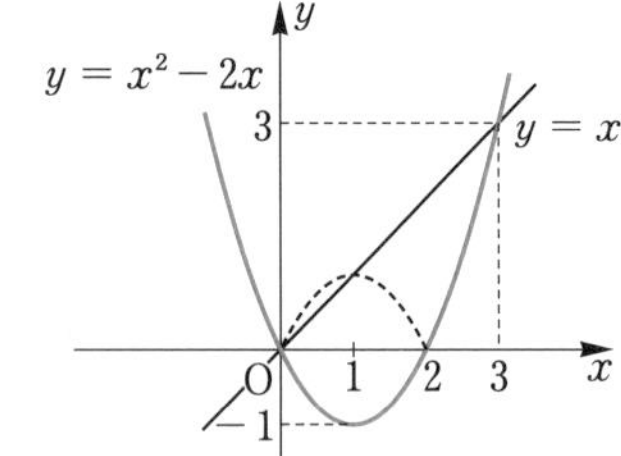

11. 半径 r の半球形の容器に水が満たしてある。この容器を静かに30°だけ傾けるとき，こぼれ出る水の量はどれだけか。

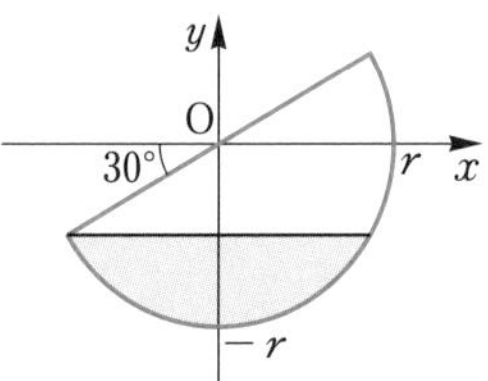

12. 楕円 $\dfrac{x^2}{a^2}+\dfrac{y^2}{b^2}=1$ を，x 軸のまわりに1回転してできる立体の体積を V_x，y 軸のまわりに1回転してできる立体の体積を V_y とするとき，体積の比 $V_x:V_y$ を求めよ。ただし，$a>0$，$b>0$ とする。

13. 曲線 $y=\sqrt{x}$ と直線 $y=mx$ $(m>0)$ で囲まれた部分を，x 軸のまわりに1回転してできる立体の体積と，y 軸のまわりに1回転してできる立体の体積が等しくなるように m の値を定めよ。

研究 曲線の長さ

曲線と折れ線の長さ　曲線 C の長さは，C 上にとった点を結ぶ折れ線の長さで近似される。そのようすを調べて，曲線の長さの意味を改めて考えよう。

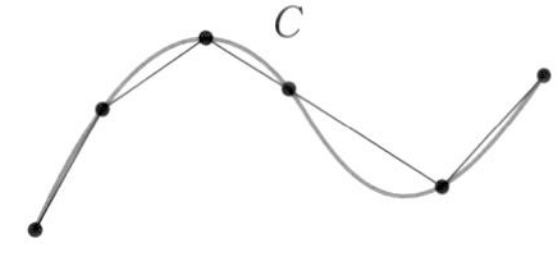

曲線 C がある関数

$$y=f(x)\quad(a \leqq x \leqq b)$$

のグラフであるとする。

区間 $[a,\ b]$ を n 等分する点を

$$a=x_0,\ x_1,\ \cdots\cdots,\ x_n=b$$

とすれば，点 $\mathrm{P}_k(x_k,\ f(x_k))$ は $f(x)$ のグラフ上にある。

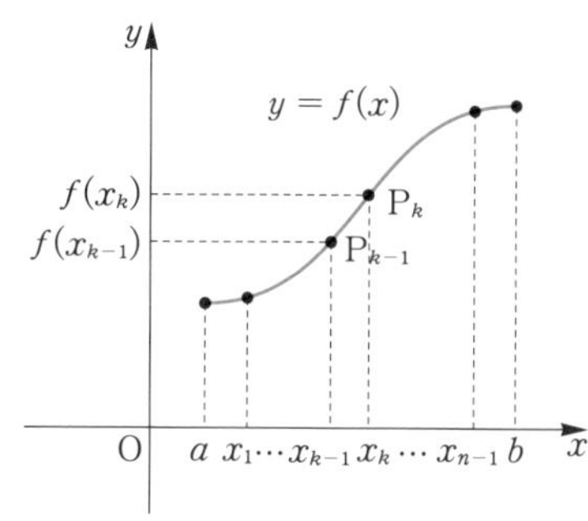

線分 $\mathrm{P}_{k-1}\mathrm{P}_k$ の長さは

$$|\mathrm{P}_{k-1}\mathrm{P}_k|=\sqrt{(x_k-x_{k-1})^2+\{f(x_k)-f(x_{k-1})\}^2} \quad \cdots\cdots①$$

P_0，P_1，……，P_n を順に結んだ折れ線の長さを L_n とすれば

$$L_n=\sum_{k=1}^{n}|\mathrm{P}_{k-1}\mathrm{P}_k| \quad \cdots\cdots②$$

である。ここで，n が十分大きければ $x_k-x_{k-1} \fallingdotseq 0$ であるので 107 ページの近似式の考えから次の式が成り立つ。

$$f(x_k) \fallingdotseq f(x_{k-1})+f'(x_{k-1})(x_k-x_{k-1})$$

よって

$$\{f(x_k)-f(x_{k-1})\}^2 \fallingdotseq \{f'(x_{k-1})\}^2(x_k-x_{k-1})^2 \quad \cdots\cdots③$$

$\varDelta x=x_k-x_{k-1}$ とかけば，①，②，③より

$$\boldsymbol{L_n \fallingdotseq \sum_{k=1}^{n}\sqrt{1+\{f'(x_{k-1})\}^2}\,\varDelta x} \quad \cdots\cdots④$$

上の図からわかるように，n を限りなく大きくすれば，折れ線は限りなく曲線に近づき，長さ L_n は限りなく曲線の長さ L に近づくと考えられる。

前ページの考えから④の式は

$$\boldsymbol{L=\lim_{n\to\infty}\sum_{k=1}^{n}\sqrt{1+\{f'(x_{k-1})\}^2}\varDelta x}$$

と表せる。この式は，153 ページの区分求積法の考え方を使えば

$$\boldsymbol{L=\int_a^b\sqrt{1+\{f'(x)\}^2}\,dx}$$

となる。

例　曲線

$$y=\frac{e^x+e^{-x}}{2}$$

の区間 $-a \leqq x \leqq a$ における長さ L を求めよう。ただし，$a>0$ とする。

$$\frac{dy}{dx}=\frac{e^x-e^{-x}}{2}$$

であるから

$$1+\left(\frac{dy}{dx}\right)^2=1+\left(\frac{e^x-e^{-x}}{2}\right)^2$$

$$=\left(\frac{e^x+e^{-x}}{2}\right)^2$$

よって　$L=\displaystyle\int_{-a}^{a}\sqrt{1+\left(\frac{dy}{dx}\right)^2}\,dx$

$$=\int_{-a}^{a}\frac{e^x+e^{-x}}{2}\,dx$$

$$=\left[\frac{e^x-e^{-x}}{2}\right]_{-a}^{a}=e^a-e^{-a}$$

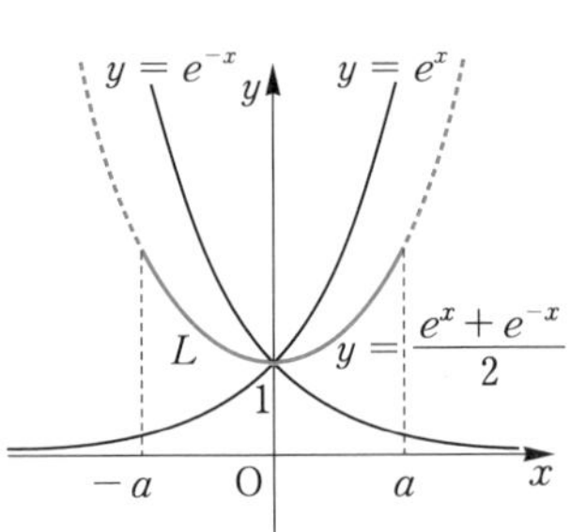

注意　上の例の曲線は，**懸垂線（カテナリー）**とよばれている。

なお，媒介変数 $x=f(t)$，$y=g(t)$ で表された曲線の長さ L は

$$\boldsymbol{L=\int_\alpha^\beta\sqrt{\{f'(t)\}^2+\{g'(t)\}^2}\,dt}$$

で表される。

解答

詳しい解答や図・証明は，弊社 Web サイト（https://www.jikkyo.co.jp）の本書の紹介からダウンロードできます。

1章　数列

1. 数列とその和（P.8～25）

練習**1**　(1)　初項 1，第 5 項 9
(2)　初項 1，第 5 項 25

練習**2**　(1)　1　(2)　$\frac{10}{16}$

練習**3**　(1)　5，9，13，17，21
(2)　1，8，27，64，125
(3)　−1，1，−1，1，−1

練習**4**　(1)　$a_n=2^n$　(2)　$a_n=\left(\frac{1}{3}\right)^{n-1}$

練習**5**　(1)　公差 4，順に 13，17
(2)　公差 −2，順に 11，7，5

練習**6**　(1)　$a_n=2n+3$，$a_{10}=23$
(2)　$a_n=-6n+36$，$a_{10}=-24$
(3)　$a_n=3n-4$，$a_{10}=26$
(4)　$a_n=-7n+27$，$a_{10}=-43$

練習**7**　(1)　第 15 項　(2)　第 11 項
(3)　なっていない

練習**8**　(1)　$a_n=2n-7$
(2)　$a_n=-3n+11$

練習**9**　略

練習**10**　$a=4$，-2

練習**11**　(1)　150　(2)　465

練習**12**　第 10 項までの和

練習**13**　$n(n+1)$

練習**14**　(1)　初項 1，公比 −5
(2)　初項 96，公比 $\frac{1}{2}$

練習**15**　(1)　$a_n=3\cdot\left(\frac{1}{2}\right)^{n-1}$，$a_7=\frac{3}{64}$
(2)　$a_n=(-3)^{n-1}$，$a_7=729$
(3)　$a_n=2\cdot\left(-\frac{3}{2}\right)^{n-1}$，$a_7=\frac{729}{32}$
(4)　$a_n=\frac{1}{10^n}$，$a_7=0.0000001$

練習**16**　(1)　第 4 項　(2)　第 6 項

練習**17**　$a_n=243\cdot\left(\frac{1}{3}\right)^{n-1}$

練習**18**　略

練習**19**　$b=1$，4

練習**20**　(1)　$\frac{1}{3}(4^n-1)$　(2)　$1-(-2)^n$
(3)　3^n-1　(4)　$4(2^n-1)$
(5)　$1-\left(\frac{1}{2}\right)^n$　(6)　$1-(-2)^n$

練習**21**　(1)　42925
(2)　$\frac{1}{6}n(n-1)(2n-1)$

練習**22**　(1)　$3+6+9+\cdots+3n$
(2)　$5+3+1-1-3$
(3)　$2^1+2^2+2^3+\cdots+2^{10}$
(4)　$2+2\cdot5+2\cdot5^2+\cdots+2\cdot5^{n-1}$
(5)　$0^2+1^2+2^2+\cdots+n^2$
(6)　$3+3\cdot2+3\cdot2^2+\cdots+3\cdot2^{n-2}$

練習**23**　略

練習**24**　(1)　$\sum_{k=1}^{n}(5k-3)$　(2)　$\sum_{k=1}^{n}3^{k-1}$
(3)　$\sum_{k=1}^{100}10^{k-1}$
$\left(\sum_{k=0}^{99}10^k\right.$ などもある$\left.\right)$
(4)　$\sum_{k=1}^{10}k(k+2)$

練習**25**　(1)　$n(n+2)$
(2)　$\frac{1}{2}n(n+1)(2n-1)$
(3)　$\frac{1}{4}n(n+1)(n+4)(n-3)$
(4)　$\frac{1}{2}(3^{n+1}-2^{n+2}+1)$
(5)　$2n^2-n-1$　$(n\geqq2)$
(6)　$\frac{1}{3}n(2n+1)(4n+1)$

練習**26**　$n(n+1)^2$

練習**27**　$\frac{n}{2n+1}$

練習**28**　(1)　2，4，8，16，32
(2)　1，3，6，10，15

練習**29**　(1)　$a_n=\frac{1}{2}(n^2-n+4)$
(2)　$a_n=2^n-1$

練習**30**，**31**　略

節末問題（P.26）

1.　(1)　初項 −4，公差 4　(2)　940

2.　第 13 項まで，338

3. (1) 初項 1，和 $\frac{3^n-1}{2}$
(2) 初項 2，公比 -3

4. 1，3，9

5. 8

6. (1) 初項 14，末項 182 (2) 1470

7. (1) 1665 (2) 654

8. (1) $\frac{1}{4}n(n+1)(n+2)(n+3)$
(2) $2^{n+1}-n-2$

9. (1) $\frac{1}{6}n(n+1)(n+2)$ (2) $\frac{2n}{n+1}$

10. 略

11. (1) $a_1=4$ (2) $\begin{cases} a_1=4 \\ a_n=6n-7 \ (n \geqq 2) \end{cases}$

12. (1) $\alpha=1$ (2) $b_n=3^{n-1}$
(3) $a_n=3^{n-1}+1$

13. (1) $a_n=2n-1$ と推定できる
(2) 略

2. 数列の極限（P.28〜41）

練習**1** (1) 0 に収束
(2) 負の無限大に発散（$-\infty$）
(3) 正の無限大に発散（∞）
(4) 発散（振動）

練習**2** (1) 正の無限大に発散（∞）
(2) 負の無限大に発散（$-\infty$）
(3) 負の無限大に発散（$-\infty$）
(4) 発散（振動）

練習**3** (1) -2 (2) 0

練習**4** (1) 2 (2) -1 (3) 0

練習**5** (1) ∞ (2) ∞ (3) 0 (4) $\frac{3}{2}$

練習**6** (1) ∞ に発散 (2) 発散（振動）
(3) 0 に収束 (4) 0 に収束

練習**7** (1) ∞ (2) 0 (3) $\frac{1}{5}$

練習**8** (1) $-2<x \leqq 2$，極限値は略
(2) $-\sqrt{3} \leqq x<-1$，$1<x \leqq \sqrt{3}$，
極限値は略

練習**9** (1) 2 (2) 1 (3) 0 (4) 2

練習**10** (1) 1 に収束 (2) 発散

練習**11** (1) 2 に収束
(2) $4-2\sqrt{2}$ に収束
(3) 発散（振動）
(4) 発散（振動）

練習**12** 収束するのは，
$x=0$ のとき（その和は 0），
$0<x<2$ のとき（その和は 1）

練習**13** (1) $\frac{4}{9}$ (2) $\frac{7}{11}$ (3) $\frac{226}{495}$

練習**14** (1) $\frac{2}{3}$ (2) $\frac{3}{4}$ (3) $\frac{5}{3}$
(4) $\frac{5}{4}$

節末問題（P.42）

1. (1) 0 (2) $-\infty$ (3) ∞
(4) 発散（振動）

2. (1) 発散（振動）
(2) 2 に収束
(3) $\frac{1}{2}$ に収束
(4) $\frac{1}{2}$ に収束

3. (1) $S=\frac{5}{4}$ (2) $n \geqq 6$

4. $S=\frac{4}{5}$

5. (1) $a_n=1+\frac{1}{n}$，$b_n=1-\frac{1}{n}$ など
(2) $a_n=n+1$，$b_n=n$ など
(3) $a_n=2n$，$b_n=n$ など

2章　微分法

1. 関数の極限（P.44〜60）

練習**1** (1) 5 (2) 1 (3) $\sqrt{3}$ (4) 2
(5) 0 (6) -3

練習**2** (1) -1 (2) -4 (3) -1
(4) 2

練習**3** (1) 3 (2) 8 (3) 0

練習**4** (1) $\frac{1}{4}$ (2) 2 (3) $\frac{1}{4}$

練習**5** (1) $a=-1$，$b=-2$
(2) $a=2$，$b=-2$

練習**6** (1) ∞ (2) $-\infty$

練習**7** (1) ∞ (2) $-\infty$ (3) ∞
(4) $-\infty$ (5) -1 (6) ∞

練習**8** (1) 0 (2) 0 (3) 1 (4) $-\infty$
(5) $-\infty$ (6) ∞

練習**9** (1) $\frac{1}{2}$ (2) 0 (3) $-\infty$

練習**10** (1) 0 (2) ∞ (3) 1 (4) 0
(5) $-\infty$ (6) ∞

練習**11** (1) 1 (2) 0 (3) 2

練習**12** (1) 0 (2) 0

練習**13** 略

練習**14** (1) 2 (2) 1 (3) 3 (4) 1
(5) 2

練習**15** (1) 1 (2) $-\frac{1}{2}$ (3) $\frac{1}{2}$

練習**16** (1) 連続である (2) 連続でない

練習**17** (1) $(-\infty,\ 1)$，$(1,\ \infty)$
(2) $(-\infty,\ 2]$
(3) $(-\infty,\ -2)$，$(-2,\ 2)$，$(2,\ \infty)$

練習**18** (1) 最大値 2，最小値 $\frac{1}{2}$
(2) 最大値 8，最小値 $\frac{1}{2}$
(3) 最大値 1，最小値 -1
(4) 最大値 1，最小値 -1

練習**19** 略

節末問題（P.61）

1. (1) $-\infty$ (2) $-\infty$ (3) 0

2. (1) 3 (2) $\frac{\sqrt{3}}{6}$ (3) $-\frac{1}{2}$ (4) 2
(5) 2 (6) -1

3. (1) -1 (2) -1

4. $a=2$

5. (1) 1 (2) $\frac{1}{2}$

6. 略

2. 導関数（P.62～85）

練習**1** (1) 7 (2) -2

練習**2** (1) 7 (2) -8

練習**3** 略

練習**4** (1) $3x^2$ (2) $-\frac{1}{x^2}$

練習**5** (1) $2x-4$ (2) $-6x+2$
(3) $8x+20$ (4) $-18x$
(5) $3x^2+x$
(6) $-\frac{1}{2}x^2+\frac{3}{2}x+5$
(7) $-6x^2+14x-3$
(8) $3x^2-12x+12$

練習**6** (1) $8x+5$
(2) $6x^2-10x+2$
(3) $3x^2$
(4) $3x^2+12x+11$

練習**7** (1) $-\frac{3}{(3x+2)^2}$
(2) $\frac{-x^2+2x-3}{(x^2-3)^2}$
(3) $\frac{-2x}{(x^2+1)^2}$

練習**8** (1) $-\frac{1}{x^2}$ (2) $-\frac{6}{x^3}$ (3) $\frac{2}{x^5}$

練習**9** (1) $6(3x-5)$
(2) $-6(1-2x)^2$
(3) $4(2x+1)(x^2+x+1)^3$
(4) $-\frac{3}{(x+1)^4}$
(5) $3\left(x+\frac{1}{x}\right)^2\left(1-\frac{1}{x^2}\right)$
(6) $\frac{8(x-2)^3}{x^5}$

練習**10** 略

練習**11** (1) $\frac{2}{3\sqrt[3]{x}}$ (2) $\frac{2x+1}{2\sqrt{x^2+x+1}}$
(3) $\frac{1}{2\sqrt[4]{(2x+1)^3}}$

練習**12** $\frac{1}{4\sqrt[4]{x^3}}$

練習**13** (1) $-x\sin x$
(2) $3\cos 3x$
(3) $\sin(1-x)$
(4) $\frac{2}{\cos^2 2x}$
(5) $-6\cos^2 2x\sin 2x$
(6) $\frac{6\sin 3x}{\cos^3 3x}$
(7) $\frac{\sin x}{2\sqrt{1-\cos x}}$
(8) $-\frac{2\cos 2x}{(1+\sin 2x)^2}$
(9) $\frac{x\cos x-\sin x}{x^2}$

練習**14** $-\frac{1}{\sqrt{1-x^2}}$

練習15 (1) $\dfrac{1}{x\sqrt{x^2-1}}$ (2) $-\dfrac{1}{x^2+1}$

(3) $\dfrac{1}{2\sqrt{x(1-x)}}$

練習16 (1) $\dfrac{1}{x}$ (2) $\dfrac{3}{3x-2}$

(3) $\dfrac{1}{x\log 10}$ (4) $2x\log x+x$

(5) $\dfrac{2}{x}\log x$ (6) $-\dfrac{1}{x(\log x)^2}$

練習17 (1) $\dfrac{3}{3x+1}$ (2) $\dfrac{2x-3}{x^2-3x+2}$

(3) $\dfrac{\cos x}{\sin x}$

練習18 $\dfrac{6(x-2)}{(x-1)^4}$

練習19 略

練習20 (1) $2e^{2x}$ (2) $-xe^{-x}$

(3) $3^{x+2}\log 3$

(4) $(1+3x\log a)a^{3x}$

練習21 (1) $\left(\log x+\dfrac{1}{x}\right)e^x$

(2) $(\cos x-\sin x)e^{-x}$

(3) $e^{\sin x}\cos x$ (4) $-\dfrac{1}{x^2}e^{\frac{1}{x}}$

練習22 (1) $12x^2-6$ (2) $-\dfrac{1}{x^2}$

(3) $(4x+4)e^{2x}$

練習23 (1) 6 (2) e^x (3) $\sin x$

練習24 $(-1)^{n-1}\dfrac{(n-1)!}{x^n}$

練習25 略

節末問題（P.86）

1. (1) 5 (2) $5+h$ (3) 5

2. (1) $3x^2-2$ (2) $\dfrac{1}{2\sqrt{x}}$

3. $2e^a$

4. $f(x)=x^2-x$

5. (1) $\dfrac{dV}{dr}=4\pi r^2$ (2) $\dfrac{ds}{dt}=3t^2+2at$

6. (1) $6x^2(x+2)(x+4)^2$

(2) $12(x^2-1)(2x^3-6x+3)$

(3) $-\dfrac{1}{(x+3)^2}$

(4) $\dfrac{4x}{(x^2-1)^2}$

(5) $\dfrac{2}{\sqrt{4x+3}}$

(6) $\dfrac{2}{\sqrt[3]{3x-2}}$

7. (1) $\dfrac{x^2+x-1}{\sqrt{(2x+1)^3(x^2+1)}}$

(2) $x^x(\log x+1)$

8. (1) $-\dfrac{1}{1+\sin x}$

(2) $-\dfrac{2}{(\cos x+\sin x)^2}$

(3) $e^{\frac{1}{x}}\left(1-\dfrac{1}{x}\right)$

(4) $\dfrac{4}{(e^x+e^{-x})^2}$

(5) $\dfrac{(\log 2)\cdot 2^{\log x}}{x}$

(6) $-e^{-x}(\sin x+\cos x)$

(7) $\dfrac{1}{\sqrt{x^2+a}}$

(8) $\dfrac{2a}{x^2-a^2}$

9. (1) $\dfrac{dy}{dx}=\dfrac{2x-y}{x-2y}$ (2) $\dfrac{dy}{dx}=-\sqrt{\dfrac{y}{x}}$

10. 略

11. (1) $e^x+(-1)^ne^{-x}$ (2) $\dfrac{(-1)^n\cdot n!}{x^{n+1}}$

12. 略

13. (1) $\dfrac{x^{n+1}-1}{x-1}$

(2) $\dfrac{nx^{n+1}-(n+1)x^n+1}{(x-1)^2}$

3. 導関数の応用（P.88〜110）

練習1 (1) $y=4x-4$ (2) $y=-3x-2$

(3) $y=\dfrac{1}{2}x+\dfrac{1}{2}$

(4) $y=-\dfrac{1}{4}x+1$

(5) $y=x+1$ (6) $y=x-1$

練習2 (1) $c=\pm\sqrt{3}$ (2) $c=e-1$

練習3 略

練習4 (1) $x<-3$，$1<x$ で増加，
$-3<x<1$ で減少

(2) $-2<x<0$ で増加，
$x<-2$，$0<x$ で減少

(3) $(-\infty,\ \infty)$ で増加する

(4) $-\frac{1}{2}<x<0$, $2<x$ で増加,
$x<-\frac{1}{2}$, $0<x<2$ で減少

練習5 (1) $x=-2$ のとき極大値 -1,
$x=0$ のとき極小値 -5
(2) $x=-1$, 1 のとき極大値 0,
$x=0$ のとき極小値 -1

練習6 (1) $x<-1$ で減少,
$x>-1$ で増加,
$x=-1$ で極小値 $-\frac{1}{e}$
(2) $0<x<\frac{1}{e}$ で減少,
$x>\frac{1}{e}$ で増加,
$x=\frac{1}{e}$ で極小値 $-\frac{1}{e}$

練習7 略

練習8 (1) $x=1$, 4 のとき最大値 4,
$x=-1$ のとき最小値 -16
(2) $x=-2$, 1 のとき最大値 4,
$x=-1$, 2 のとき最小値 0
(3) $x=3$ のとき最大値 27
$x=\frac{3}{2}$ のとき最小値 $-\frac{27}{16}$
(4) $x=2$ のとき最大値 $\frac{11}{3}$,
$x=-2$ のとき最小値 $-\frac{5}{3}$

練習9 (1) $x=1$ のとき最大値 1,
$x=-\frac{1}{\sqrt{2}}$ のとき最小値 $-\sqrt{2}$
(2) $x=e$ のとき最大値 0,
$x=1$ のとき最小値 -1
(3) $x=0$ のとき最大値 1,
$x=\pm 1$ のとき最小値 $\frac{1}{\sqrt{e}}$

練習10 グラフ略
(1) $x=0$ のとき極大値 2,
x 軸が漸近線
(2) $x=-\frac{1}{2}$ のとき極大値 4,
$x=2$ のとき極小値 -1,
x 軸が漸近線

練習11 グラフ略
(1) $x=-2$ のとき極大値 -3,
$x=0$ のとき極小値 1,
漸近線は $y=x$, $x=-1$
(2) 定義域 $(x\neq 0)$ 全体で増加,
極値はない,
漸近線は $y=x-1$, $x=0$ (y 軸)

練習12 (1) 変曲点は点 $(0, 0)$, $(1, -1)$
$x<0$, $1<x$ で下に凸
$0<x<1$ で上に凸
(2) 変曲点は点 $\left(-2, -\frac{2}{e^2}\right)$
$x<-2$ で上に凸
$-2<x$ で下に凸
(3) 変曲点は点 $(0, 0)$
$-\frac{\pi}{2}<x<0$ で上に凸
$0<x<\frac{\pi}{2}$ で下に凸

練習13 グラフ略
(1) $x=\frac{3}{2}$ のとき極小値 $-\frac{27}{16}$,
極大値はない。変曲点は $(0, 0)$,
$(1, -1)$
(2) $x=0$ のとき極大値 1, 極小値
はない。変曲点は $\left(\pm 1, \frac{1}{\sqrt{e}}\right)$
漸近線は x 軸
(3) 定義域 $(x\neq\pm 1)$ 全体で減少,
極値はない, 変曲点は $(0, 0)$
漸近線は, 直線 $x=\pm 1$ と x 軸
(4) 定義域は $x\geqq 0$, $x=1$ のとき
極小値 -1, 変曲点はない

練習14 $\frac{4\sqrt{3}}{9}$

練習15, **16** 略

練習17 (1) $-18<k<14$ のとき 3 個
$k=14$, -18 のとき 2 個
$k<-18$, $14<k$ のとき 1 個
(2) $k>1$ のとき 2 個
$k=1$ のとき 1 個
$k<1$ のとき 0 個
(3) $k>\frac{e^2}{4}$ のとき 3 個
$k=\frac{e^2}{4}$ のとき 2 個

$0<k<\dfrac{e^2}{4}$ のとき 1 個

$k \leqq 0$ のとき 0 個

(4) $-\dfrac{1}{2}<k<0$, $0<k<\dfrac{1}{2}$ のとき 2 個

$k=-\dfrac{1}{2}$, 0, $\dfrac{1}{2}$ のとき 1 個

$k<-\dfrac{1}{2}$, $\dfrac{1}{2}<k$ のとき 0 個

練習18 証明略。
近似値は $\cos 31^\circ \fallingdotseq 0.8573$

練習19 略

練習20 (1) 1.005 (2) 10.004

練習21 (1) $v=3t^2-3$, $\alpha=6t$, $t=1$
(2) $v=6\cos 2t$,
$\alpha=-12\sin 2t$, $t=\dfrac{3}{4}\pi$

練習22 $\dfrac{4}{3}$(cm²/秒)

節末問題（P.111）

1. (1) $y=x+3$
(2) $y=2x-\dfrac{\pi}{2}+1$, $y=2x+\dfrac{\pi}{2}-1$
(3) $y=-x+2$, $y=-\dfrac{1}{4}x-1$

2. グラフ略。(1) つねに増加，極値なし，
漸近線は $y=1$, $y=-1$
(2) 定義域は $x \neq \pm 1$,
$x=-\sqrt{3}$ のとき極大値 $-\dfrac{3\sqrt{3}}{2}$,
$x=\sqrt{3}$ のとき極小値 $\dfrac{3\sqrt{3}}{2}$
漸近線は，$x=1$, $x=-1$, $y=x$

3. グラフは略。
(1) $x=1$ のとき極大値 $\dfrac{1}{e}$,
極小値なし
変曲点 $\left(2, \dfrac{2}{e^2}\right)$,
x 軸 $(x>0)$ が漸近線
(2) 定義域 $x>0$,
$x=1$ のとき極小値 0，極大値なし
変曲点 $(e, 1)$，y 軸が漸近線
(3) $x=\dfrac{\pi}{3}$ のとき極小値 $\dfrac{\pi}{3}-\sqrt{3}$,
$x=\dfrac{5}{3}\pi$ のとき極大値 $\dfrac{5}{3}\pi+\sqrt{3}$,
変曲点 (π, π)

4. $x=\dfrac{\pi}{2}$ のとき最大値 $\dfrac{\pi}{2}$,
$x=\dfrac{3}{2}\pi$ のとき最小値 $-\dfrac{3}{2}\pi$

5. $\dfrac{2}{e}$

6, 7. 略

8. $k=\sqrt{2e}$

9. 略

10. 略

11. (1) 略
(2) $k>\dfrac{27}{4}$ のとき 3 個
$k=\dfrac{27}{4}$ のとき 2 個
$k<\dfrac{27}{4}$ のとき 1 個

12. (1) $\dfrac{1}{1+x} \fallingdotseq 1-x$ (2) $\log(1+x) \fallingdotseq x$

13. 表面積 8π(cm²/秒),
体積 40π(cm³/秒)

3章 積分法

1. 不定積分と定積分（P.114〜137）

練習1 (1) $\dfrac{1}{4}x^4+C$ (2) $\dfrac{5}{8}x^{\frac{8}{5}}+C$
(3) $-\dfrac{1}{3x^3}+C$
(4) $\dfrac{4}{7}x\sqrt[4]{x^3}+C$
(5) $\dfrac{2}{5}t^2\sqrt{t}+C$ (6) $2\sqrt{x}+C$

練習2 (1) x^2+3x+C
(2) $\dfrac{1}{3}x^3+\dfrac{1}{2}x^2-x+C$
(3) $-3x+C$
(4) $-2x^3+4x^2-5x+C$
(5) x^3+4x^2-3x+C

練習3 (1) $3\log|x|+\dfrac{1}{x}+C$
(2) $\dfrac{2}{3}x\sqrt{x}-4\sqrt{x}+C$
(3) $x+4\sqrt{x}+\log x+C$

練習4 (1) $-\cos x-5\sin x+C$
(2) $\tan x-2x+C$
(3) $\tan x-\dfrac{2}{\tan x}+C$
(4) $-\dfrac{1}{\tan x}-x+C$

練習5 (1) $\dfrac{5^x}{\log 5}+C$
(2) $2e^x-\dfrac{2^x}{\log 2}+C$
(3) $10^x-\dfrac{x^5}{5}+C$

練習6 (1) $\dfrac{1}{3}e^{3x}+C$
(2) $-\dfrac{1}{2}\cos 2x+C$
(3) $-2e^{-\frac{1}{2}x}+C$

練習7 (1) $\dfrac{1}{15}(3x-5)^5+C$
(2) $\dfrac{2}{15}(5x+1)\sqrt{5x+1}+C$

練習8 (1) $\dfrac{1}{2}\log|2x+3|+C$
(2) $2\sin\left(\dfrac{1}{2}x-5\right)+C$
(3) $-\dfrac{1}{3}e^{-3x+2}+C$

練習9 略

練習10 (1) $\dfrac{2}{5}(x+4)(x-1)\sqrt{x-1}+C$
(2) $\dfrac{4}{3}(x+2)\sqrt{x-1}+C$

練習11 (1) $\dfrac{1}{4}(x^2+5x+1)^4+C$
(2) $-\dfrac{1}{6}\cos^6 x+C$
(3) $\dfrac{1}{2}e^{x^2}+C$
(4) $\dfrac{1}{6}(2e^x-1)^3+C$

練習12 略

練習13 (1) $\dfrac{1}{2}\log|x^2-1|+C$
(2) $\log|\sin x|+C$
(3) $\log|e^x-1|+C$
(4) $\log|\log x|+C$

練習14 (1) $-x\cos x+\sin x+C$
(2) $\dfrac{1}{2}x\sin 2x+\dfrac{1}{4}\cos 2x+C$
(3) xe^x-e^x+C
(4) $-xe^{-x}-e^{-x}+C$

練習15 (1) $x\log 3x-x+C$
(2) $\dfrac{1}{2}x^2\log x-\dfrac{1}{4}x^2+C$
(3) $(x+1)\log(x+1)-x+C$

練習16 $\dfrac{1}{2}e^x(\sin x+\cos x)+C$

練習17 (1) $\dfrac{1}{2}x^2+2x+5\log|x-2|+C$
(2) $\log\left|\dfrac{x}{x+1}\right|+C$
(3) $\log\dfrac{|x-2|}{(x+3)^2}+C$

練習18 (1) $\dfrac{1}{2}x+\dfrac{1}{4}\sin 2x+C$
(2) $\dfrac{1}{2}x-\dfrac{1}{8}\sin 4x+C$
(3) $-\dfrac{1}{8}\cos 4x+\dfrac{1}{4}\cos 2x+C$
(4) $-\dfrac{1}{6}\sin 3x+\dfrac{1}{2}\sin x+C$

練習19 (1) $-\dfrac{1}{3}\sin^3 x+\sin x+C$
(2) $\dfrac{1}{2}\log|e^{2x}-1|-x+C$

練習20 (1) 4 (2) 8 (3) 0 (4) $\dfrac{2}{3}$
(5) $-\dfrac{32}{3}$ (6) 3 (7) 0 (8) 0

練習21 (1) 2 (2) 0 (3) 1 (4) $\dfrac{3}{5}$
(5) 1 (6) $-1+e$ (7) $1-\dfrac{1}{e}$
(8) $\dfrac{2}{\log 2}$ (9) $\dfrac{\pi}{4}$

練習22 (1) -6 (2) $2\log 3$

練習23 (1) 1 (2) 1
(3) $2e^2+\log 2+\dfrac{1}{2}$

練習24 (1) $\dfrac{1}{10}$ (2) $\dfrac{1}{8}$

練習25 (1) $\dfrac{1}{5}$ (2) $e-1$

練習26 (1) $\dfrac{\pi}{12}+\dfrac{\sqrt{3}}{8}$ (2) $\dfrac{\pi}{6}$

(3) $\frac{5}{6}\pi+\frac{2+\sqrt{3}}{2}$

練習**27** (1) $\frac{\pi}{12}$ (2) $\frac{5\sqrt{3}}{36}\pi$

練習**28** (1) 略 (2) $3-\sqrt{3}$

練習**29** (1) $\frac{\pi}{2}-1$ (2) 1

(3) $\frac{1}{9}(2e^3+1)$ (4) $1-\frac{2}{e}$

練習**30**, **31** 略

練習**32** (1) $\frac{5}{32}\pi$ (2) $\frac{16}{35}$ (3) $\frac{35}{256}\pi$

練習**33** (1) $\frac{1}{2}x^2+\frac{1}{2}$ (2) $2e^{2x}-e^{x-3}$

節末問題（P.138）

1. (1) $x-2\sqrt{x}-2\log x+C$

(2) $\frac{10^{2x+3}}{2\log 10}+C$

(3) $\frac{2}{15}(3x+2)(x-1)\sqrt{x-1}+C$

(4) $-\frac{2}{15}(3x^2+4x+8)\sqrt{1-x}+C$

(5) $\frac{(\log x)^2}{2}+C$

(6) $\log(1+\sin x)+C$

2. (1) $-\frac{1}{3}x\cos 3x+\frac{1}{9}\sin 3x+C$

(2) $-\frac{1}{9}(3x+1)e^{-3x}+C$

(3) $\frac{x^3}{3}\log x-\frac{x^3}{9}+C$

(4) $\frac{x^2-1}{2}\log(x+1)-\frac{1}{4}x^2+\frac{1}{2}x+C$

3. (1) $\frac{1}{2}x^2-3x-\log|x+2|+C$

(2) $\log(x-3)^2|x+3|+C$

4. (1) $\frac{1}{12}\sin 6x+\frac{1}{8}\sin 4x+C$

(2) $\frac{1}{4}x^2+\frac{1}{4}x\sin 2x+\frac{1}{8}\cos 2x+C$

(3) $\frac{1}{7}\cos^7 x-\frac{1}{5}\cos^5 x+C$

(4) $\frac{1}{2}e^{2x}-e^x+\log(e^x+1)+C$

5. (1) $\frac{1}{2}\log\frac{1-\cos x}{1+\cos x}+C$

(2) $\frac{1}{2}\log\frac{1+\sin x}{1-\sin x}+C$

6. (1) $\frac{1}{2}$ (2) $\frac{\pi}{2}$ (3) $\frac{\sqrt{2}}{2}$

(4) $\frac{\pi}{4}-\log\sqrt{2}$

7. (1) 2 (2) $e+\frac{1}{e}-2$

8. (1) $A=t+C$ (2) 略

9. 略

10. $f(x)=\frac{2\log x-1}{x}$, $a=e^3$, $\frac{1}{e^2}$

11. 略

12. $\int_0^{2\pi}\cos mx\cos nx\,dx=\begin{cases}0 & (m\neq n)\\ \pi & (m=n)\end{cases}$

2. 積分法の応用（P.140〜158）

練習**1** (1) $\frac{4}{3}$ (2) 9

練習**2** (1) $\frac{16}{3}$ (2) 1 (3) $e-1$

(4) 1

練習**3** (1) $\frac{9}{2}$ (2) 1 (3) 2

練習**4** (1) $\frac{9}{2}$ (2) $\frac{64}{3}$

練習**5** (1) $\frac{3}{2}-2\log 2$ (2) $\frac{5}{2}$

練習**6** (1) $\frac{4}{3}$ (2) $\frac{32}{3}$

練習**7** $e-1$

練習**8** e^2-1

練習**9** $\frac{8}{15}$

練習**10** $\frac{1}{3}\pi r^2h$

練習**11** $\frac{2\sqrt{3}}{9}a^3$

練習**12** $\frac{\pi}{5}$

練習**13** $\frac{2}{15}\pi$

練習**14** $\frac{32}{3}\pi$

練習**15** (1) $\frac{7}{3}$ (2) $\frac{1}{5}$ (3) $\log 2$

練習**16**, **17** 略

節末問題（P.159）

1. $\frac{9}{4}$

2. $\frac{27}{4}$

3. (1) $\frac{5}{2}$ (2) $\frac{3}{2}\log 2$ (3) $2\log 2-1$

4. $\frac{1}{6}$

5. $\frac{2\sqrt{3}}{3}\pi$

6. (1) $\frac{2}{\pi}$ (2) $\log 2$

7. 略

8. (1) $\frac{\pi}{30}$ (2) $\frac{15}{2}\pi$

9. (1) $\frac{\pi}{2}$ (2) $\frac{32}{5}\pi$

10. $\frac{20}{3}\pi$

11. $\frac{11}{24}\pi r^3$

12. $V_x : V_y = b : a$

13. $m=\frac{4}{5}$

索引

●本書の関連データが web サイトからダウンロードできます。

https://www.jikkyo.co.jp/download/ で

「新版微分積分 I　改訂版」を検索してください。

提供データ：問題の解説

■監修

岡本和夫（おかもとかずお） 東京大学名誉教授

■協力

山田 章（やまだ あきら） 長岡工業高等専門学校教授

■編修

福島國光（ふくしまくにみつ） 元栃木県立田沼高等学校教頭

安田智之（やすだともゆき） 奈良工業高等専門学校教授

井口雄紀（いぐちゆうき） 東京工業高等専門学校准教授

佐藤尊文（さとうたかふみ） 秋田工業高等専門学校准教授

佐伯昭彦（さえきあきひこ） 鳴門教育大学大学院教授

鈴木正樹（すずきまさき） 沼津工業高等専門学校准教授

●表紙・本文基本デザイン——エッジ・デザインオフィス

●組版データ作成——㈱四国写研

新版数学シリーズ

新版微分積分 I　改訂版

2010年12月28日　初版第 1 刷発行
2020年10月30日　改訂版第 1 刷発行
2023年 2 月28日　第 3 刷発行

●著作者　岡本和夫　ほか

●発行者　小田良次

●印刷所　株式会社広済堂ネクスト

●発行所　実教出版株式会社
〒102-8377
東京都千代田区五番町 5 番地
電話［営　　業］(03) 3238-7765
　　［企画開発］(03) 3238-7751
　　［総　　務］(03) 3238-7700
https://www.jikkyo.co.jp/

ISBN　978-4-407-34942-9　C3041　　Printed in Japan

《新版微分積分 I　改訂版》掲載の公式

数列

18 $\displaystyle\sum_{k=1}^{n} k=1+2+3+\cdots+n=\frac{n(n+1)}{2}$

19 $\displaystyle\sum_{k=1}^{n} k^2=1^2+2^2+3^2+\cdots+n^2=\frac{n(n+1)(2n+1)}{6}$

20 $\displaystyle\sum_{k=1}^{n} k^3=1^3+2^3+3^3+\cdots+n^3=\left\{\frac{n(n+1)}{2}\right\}^2$

21 **等比数列の和の公式**

$$\sum_{k=1}^{n} ar^{n-1}=a+ar+ar^2+\cdots+ar^{n-1}=\frac{a(1-r^n)}{1-r}\quad (r\neq 1)$$

微分法

22 **積の微分法**　$\{f(x)g(x)\}'=f'(x)g(x)+f(x)g'(x)$

23 **商の微分法**　$\displaystyle\left\{\frac{f(x)}{g(x)}\right\}'=\frac{f'(x)g(x)-f(x)g'(x)}{\{g(x)\}^2}$

24 **合成関数の微分法**　$\{f(g(x))\}'=f'(g(x))g'(x)$

積分法

25 $\alpha\neq -1$ のとき　$\displaystyle\int x^\alpha dx=\frac{1}{\alpha+1}x^{\alpha+1}+C$

$\displaystyle\int\frac{1}{x}dx=\log|x|+C$

26 $\displaystyle\int\sin x\,dx=-\cos x+C,\ \int\cos x\,dx=\sin x+C$

$\displaystyle\int\frac{1}{\cos^2 x}dx=\tan x+C,\ \int\frac{1}{\sin^2 x}dx=-\frac{1}{\tan x}+C$

27 $\displaystyle\int e^x dx=e^x+C,\ \int a^x dx=\frac{1}{\log a}\cdot a^x+C\quad (a>0,\ a\neq 1)$

28 $\displaystyle\int\frac{1}{\sqrt{1-x^2}}dx=\mathrm{Sin}^{-1}x+C,\ \int\frac{-1}{\sqrt{1-x^2}}dx=\mathrm{Cos}^{-1}x+C,$

$\displaystyle\int\frac{1}{1+x^2}dx=\mathrm{Tan}^{-1}x+C$

29 **置換積分法**　$x=g(t)$ とおくと　$\displaystyle\int f(x)\,dx=\int f(g(t))g'(t)\,dt$

30 $\displaystyle\int\frac{f'(x)}{f(x)}dx=\log|f(x)|+C$

31 **部分積分法**　$\displaystyle\int f(x)g'(x)\,dx=f(x)g(x)-\int f'(x)g(x)\,dx$

32 $\displaystyle\int_0^{\frac{\pi}{2}}\sin^n x\,dx=\int_0^{\frac{\pi}{2}}\cos^n x\,dx=\begin{cases}\dfrac{n-1}{n}\cdot\dfrac{n-3}{n-2}\cdot\cdots\cdots\cdot\dfrac{3}{4}\cdot\dfrac{1}{2}\cdot\dfrac{\pi}{2} & (n\text{ は 2 以上の偶数})\\[2ex] \dfrac{n-1}{n}\cdot\dfrac{n-3}{n-2}\cdot\cdots\cdots\cdot\dfrac{4}{5}\cdot\dfrac{2}{3}\cdot 1 & (n\text{ は 3 以上の奇数})\end{cases}$